U0527715

Cosmetic Art of Tang Dynasty

杨树云唐代装束美学全书

杨树云 著

青岛出版集团 | 青岛出版社

图书在版编目（CIP）数据

唐风流韵 / 杨树云著. -- 青岛：青岛出版社，2025. -- ISBN 978-7-5736-2899-2

Ⅰ. TS941.742.42

中国国家版本馆 CIP 数据核字第 202454EK71 号

TANG FENG LIU YUN

书　　名	唐 风 流 韵
著　　者	杨树云
出版发行	青岛出版社
社　　址	青岛市崂山区海尔路182号（266061）
本社网址	http://www.qdpub.com
邮购电话	0532-68068091
特约策划	慧新时间
策　　划	钦林威　周鸿媛
责任编辑	王　韵　王玉格　孔晓南
整体设计	今亮後聲 HOPESOUND　2580590616@qq.com
印　　刷	青岛海蓝印刷有限责任公司
出版日期	2025年1月第1版　2025年1月第1次印刷
开　　本	16开（787毫米×1092毫米）
印　　张	19
字　　数	300千
书　　号	ISBN 978-7-5736-2899-2
定　　价	168.00元

编校印装质量、盗版监督服务电话 4006532017 0532-68068050

推荐序

好学善思 力行

中国电视剧制作中心前制片人 靳雨生

杨树云老师参与拍摄的历史戏很多，从舞台剧到电视剧、电影，这些领域都有他的作品。1987年，一部《红楼梦》在中央电视台乃至全国都产生了巨大影响。同年，他被特聘为中央电视台的美工设计师，圈内甚至有"古装片非他莫属"的说法。

1989年，陈家林导演的电视剧《唐明皇》开拍，并套拍电影《杨贵妃》。最初的人物造型定妆后，台里领导看了非常不满意。当时的中国电视剧制作中心主任阮若琳说："你们请一下大杨，他拍古装片很有经验。"当时我不认识大杨，也没与他合作过，而且当时组里已经签了化妆师，所以我只好说："好吧，来试试，先不签合同。"当时恰逢北京有全国性活动，外地人员进京需要办进京证明，手续很麻烦。联系完大杨，我大吃一惊："什么？还要坐飞机来！"我心想，什么人这么牛！台里有规定，剧组人员一律不准乘坐飞机，但是开机迫在眉睫，还是赶紧让他来吧！两天后，人来了，一个大高个儿。又过了两天，我问导演陈家林："怎么样？"导演说："他在李建群的头上、脸上试妆，头发在他手里玩得就像兰州拉面一样，签合同吧！"

大杨一进剧组，就一头扎进工作里，我听到的反映是"大杨做的女装造型极美，而且非常准确，层次有变化，角色发型、首饰有品位，深为专家们称道"。我半悬的心终于落了地，果真没选错人！这次筹拍的两部古装戏中有大量的舞蹈场景，身为制片主任的我开了动员大会，强调了唐代舞蹈在戏里的重要性。会后，大杨拿了一摞舞蹈设计造型图和预算表来找我，我的回答是："就用原有的首饰想办法，我没钱！"不是我不想给他钱，而是当时套拍电影的钱还没着落呢。大杨听后生气了，收起图说了一句："没钱干吗请我！"一转身走了。嘿，脾气还不小！

后来电视剧、电影的播出引起了轰动，里面的舞蹈造型非常漂亮，而且二十八段唐舞中的妆造处处都经过了考证，真是"行家一出手，便知有没有"。我也是文工团出身，对于好坏粗细当然是一目了然。当然，我也不是一点儿制作经费都不给大杨，我的经验是要挖掘大家的潜力。那些琳琅满目、华美贵重的首饰都是大杨带着组里的化妆师们夜以继日辛苦制作出来的。国家的钱要省着花，我早就看出来大杨有潜力可挖。

大杨在中央电视台参与过的作品，如《红楼梦》《唐明皇》《杨贵妃》《唐风流韵》等都获了奖。现在，集他这么多年来影视化妆经验的《唐风流韵》即将出版，我非常高兴。这本书可读性极强，既有翔实的化妆理论、丰富的资料，又有唯美的经典剧照，还有大杨手绘的唐代经典人物妆造的设计图，以及做发型、搭首饰和化妆的实操要领，其中还有他的个人奋斗史，以及拍摄中与名导、明星们的趣闻逸事。

早在 1985 年，大杨的学术论文《从敦煌绢画〈引路菩萨〉看唐代的时世妆》就被收录在《1909—1983 敦煌学论著目录》里，此外，他还发表过《一三〇窟〈都督夫人礼佛图〉初探》，难怪兰州大学敦煌学研究所前所长齐陈骏教授称赞大杨是"学者型的化妆师"。而我更欣赏的是他刻苦学习、艰苦奋斗、无畏进取的精神。《唐风流韵》是继《装点红楼梦》之后又一部权威的"化妆教科书"，亦是一本供喜爱唐代历史剧的读者阅读的通俗读物，更是激励后来者拼搏进取的范本！

1986 年 6 月大杨再访敦煌时，敦煌研究院的贺世哲、施萍亭两位老师给他题言："好学、善思、力行是大杨成功的六字真言，愿君一如既往奋斗不止！"

权以此为序。

自 序

择一事 终一生

杨树云

我从事古典妆造一行已经半个多世纪了。我常说,这辈子我只干一件事,那就是化妆。可以说,我是择一事,终一生。

做这一行,看似光鲜亮丽,但创作过程孤独而艰辛。要做好它,需要很高的艺术修养和丰富的知识积累。除了基本技巧外,还要懂表演、能绘画、擅沟通、知人物、懂历史、熟典故等。而且,因为长年和剧组在外奔波,还需要有一副铁打的好身体。我庆幸,上天把这一切都给予了我。

我喜欢这一行,在其中,我体会到了无穷的乐趣。同时,能为中华文化的传承及发展献上一点绵薄之力,我感到无比自豪。中国古代妆造文化源远流长,但我们作为化妆师在设计造型时不能生搬硬套,因为人物造型毕竟是给今天的人看的,要按照现代的审美标准,在考证史料的前提下进行再创作。以古为源,融古为己,化古为新——这是我一直以来的理念和做法。在创作过程中,化妆师既不能太无拘无束,想怎么来就怎么来,化得不伦不类,也不能让史料捆住了手脚,变得缺乏艺术想象力,令造型缺少张力和感染力。

舞剧《丝路花雨》,《红楼梦》(1987

🔹 我青年时期的照片

年版，下同）、《武则天》（1995年版）、《贞观长歌》等电视剧，《杨贵妃》（陈家林执导）、《外滩佚事》、《大明宫传奇》等电影，都是我参与化妆和造型设计的作品。其中，电视剧《红楼梦》中的经典人物，比如林黛玉、薛宝钗、王熙凤、贾母，她们的造型让观众难以忘却。关于林黛玉的造型，《红楼梦》中很明确地写了黛玉的眉毛是"似蹙非蹙罥烟眉"。罥烟眉之考证，我查了古代妇女眉毛的画法。《西京杂记》中提到了卓文君的远山眉，说"文君姣好，眉色如望远山"。我们知道，在清晨的时候遥望远处的山峦，山是灰青色的。看到这，我觉得我已经找到黛玉眉毛的色彩感觉了。因为黛玉身体比较柔弱，

◊ 我为林黛玉（陈晓旭饰）设计的罥烟眉

择一事

终一生

―――

０　５

◊ 我画的黛玉发型设计图

所以她不可能长一副浓眉。再看《庄子·天运》中的西施，她捧心蹙眉，这让我找到了"似蹙非蹙"中"蹙"的感觉。黛玉非常有才情，而且对幸福生活有她自己的向往。所以，我在为她画眉毛时，在眉毛整体往下走的趋势之上，让她的眉梢轻轻上扬，并做了一个眼部的牵引，把眼睛拉成了凤眼。当时，晓旭看着镜子里的自己，突然跟我说："杨老师，你的妆让我找到了黛玉的感觉。"后来，这一版《红楼梦》的服装、化妆、道具获得了第7届中国电视剧飞天奖"优秀美术奖"。

在半个多世纪的艺术生涯里，我还原过很多壁画人物，但我投入最多心血的，还是复原敦煌壁画中的人物，这会让我想起早年在甘肃歌舞团的时光。我在当化妆师之前，其实是歌唱演员，但平时喜好美术造型。有一次在剧院的一场重要演出活动中，我被"抓了壮丁"——给演员化妆，结果歪打正着，我做的妆造引起了轰动。后来，我和敦煌莫高窟便开始了一段不解之缘。

记得20世纪70年代末，我们团正在筹备民族历史舞剧《丝路花雨》，全团的创作人员分批去敦煌莫高窟体验生活。每天早上，段文杰（时任敦煌文物研究所所长）老师边敲着我们的门，边用浓重的四川口音跟我们说："上洞子了。"他领我们看了所有的洞窟，包括不对外开放的洞窟，我们都可以随时进出、观摩。当段文杰老师领我到第2窟时，他把锁着的大门打开以后，眼前的壁画让我惊呆了，整面墙都是千手观音和他的千手。我不由得双膝跪下，并发誓，一定要把千手观音搬到我们《丝路花雨》的舞台上。段文杰老师领着我们看了三天壁画，回到招待所后，我躺在床上，感觉墙壁上、天花板上全都是敦煌的壁画和飞天图景。在敦煌，我贪婪地吸收着艺术的营养。可以说，敦煌之旅为我后来做古典妆造奠定了基础。

在复原的壁画人物中，我想谈一谈莫高窟第98窟供养人壁画中翟氏的艺术再现。莫高窟第98窟现存供养人壁画百余身，当年我走进该窟，便被精美的人物造型深深震撼，其吸引力让我忘却了一切。壁画中的翟氏服饰色彩华丽，体态丰满富贵，神情慈祥而平和，她的衣着装扮体现了唐至五代时期妆造的丰富多彩。钿钗梳篦，襦裙礼服，都极尽华丽之能事，非常讲究。从面部妆容来看，她粉光脂艳，脸贴花钿。胭脂的打法，是先将剪好的小鸳鸯贴片贴在脸蛋上，上面层层打上胭脂，再取下贴上的小鸳鸯，白色的鸳鸯印痕便留在脸上，相当地别出心裁。她的嘴角两侧还有对称的小黑鸳鸯，这种夸张的美靥可谓精妙绝伦。额角和眼角两侧的花钿，更是为翟氏增添了几分别样的风情。"满头行小梳""枉插金钗十二行"……我们只有静下心来，才能体会金饰、绮罗、锦带之下的厚重历史。

我还曾做过古画人物的造型复原，像《朝元仙仗图》中的太虚司禁玉女。《朝元仙仗图》为北宋画家武宗元所绘，画中有八十七位人物，整幅画描绘了道教神仙朝见最高神祇的队仗行列，是宋代成就

🔸 莫高窟第 98 窟东壁女供养人像（段文杰 临摹）

极高的白描作品。画中的人物栩栩如生，衣袂飘举，仙气十足。我依据原画复原玉女中的太虚司禁，以期再现原图庄严华丽的神仙境界。为尽力还原作者想要传达的美感，把白描人物立体地展现出来，我们的妆造增加了丰富的色彩。最终，妆造完成，在展示时，玉女仿佛从画卷中款款而来。

为演员做造型，需要为角色和表演服务；据壁画、古画等做复原造型，则要还原其原本的美感；而做一个创意妆，发挥空间则相对大些。我曾做过一个"闹蛾扑花冠"的古代少女的创意妆。我在模特头上戴了一个我亲手制作而成的花冠。花冠的灵感来源于隋代的李静训的一幅画像，画像上的李静训

◦ 我们复原的莫高窟第 98 窟东壁女供养人形象

择一事

终一生

———

0　9

头上就戴了一个"闹蛾扑花冠"。大大小小的丝网花自由组合，飞蛾振翅欲飞，二者相映成趣。妆容上，我结合大唐妆面与宋代的珍珠花钿妆，尝试把唐妆的华贵大气和宋妆的朴素有机地结合在一起，来丰富妆容的细节。在开放包容又充满自信的唐朝，通过不断创新，仅眉毛和腮红的画法就有很多种。古人尚且不拘于某种特定的妆容和化妆手法，现在我们更要大胆创新，去呈现繁花似锦的盛世风貌。

自古以来，女性就追求繁花般的美，这一点在妆容里更是表现得淋漓尽致。总之，设计古典妆造没有捷径，我们唯有不断对壁画、古画甚至文字反复地进行推敲、揣摩，才能完美还原中国古典美人。

做完了IMAX 3D（巨幕三维）电影《大明宫传奇》的妆造以后，我就不再承担影视作品的化妆工作了，转而从事化妆艺术的教学工作。我曾在北京电影学院、中央戏剧学院、中国戏曲学院、中国传媒大学等十几所高等院校担任客座教授，还开设了"中国古典妆造研修班"，希望更多的年轻人从我的教学示范过程中，学到古典妆造的精髓，并大胆地去展示我们中国传统的东方美。

中华文明博大精深，还原古典的妆容造型，是为了传承和推广中国优秀传统文化。学无止境，我们要勇敢地走在传承中华文化的道路上，让不同朝代的美，从"各美其美"走向"美美与共"。希望，未来能有更多的有志之士去弘扬中华优秀传统文化，充分地展现我们的文化自信。

目 录

第一章 自是天下第一梳

我与舞蹈化妆的缘分 - 003

我上的文艺创作高端研修班 - 009

第二章 一生荣辱在妆中

享誉世界的中国名片《丝路花雨》- 027

无冕之王《武则天》- 066

从《唐明皇》到《杨贵妃》- 098

亚洲第一部 IMAX 3D 电影《大明宫传奇》- 158

第三章 秾丽多姿舞唐风

《箜篌引》的妆容和造型 - 185

《敦煌梦幻》与《浔阳遗韵》- 192

《绝代长歌行》- 200

《唐风流韵》- 222

第四章 初心未泯不言老

《都督夫人礼佛图》- 261

从《引路菩萨》看开元天宝时世妆 - 276

唐风

Cosmetic
Art of
Tang
Dynasty

流韵

❦

以古为源　融古为己　化古为新

第一章
自是天下第一梳

编者按

中国古典妆造艺术家
杨树云的成师之路

杨树云是中国国宝级化妆艺术家，在业界以整体塑造古典造型著称，有『天下第一梳』之美誉。他不仅亲赴敦煌莫高窟学习壁画中的人物妆造，更从文献、绘画、舞蹈、文学甚至是建筑艺术中博采众长，创造了诸多经典的影视形象。最终，他将学术理论与艺术实践结合，形成其独有的创作理念：以古为源，融古为己，化古为新。

我与舞蹈化妆的缘分

✺ 我做了一辈子化妆工作,将创作唐代影视经典造型的心得付诸笔端,是我一直以来的心愿。

记得 1979 年,中国民族舞剧《丝路花雨》在人民大会堂进行专场演出,演出结束后观众席中爆发出热烈的掌声,我百感交集。《丝路花雨》的人物造型很美,是唐代特有的美。有时代特色、性格特点的美才是真正的美,才能成为经典流传下去。舞剧造型的创作,就像为我提供了一把钥匙,让我顺利地打开了中国历史文化宝库之门。创作初期,我们在敦煌专家的带领下参观莫高窟,聆听有关石窟艺术的故事,临摹壁画,深入学习体验。通过对唐代和与舞剧相关史料的学习和研究,我深深地爱上了唐代文化的兼收并蓄、博大精深。那是一个瑰丽美好的时代,大唐以其开放的胸襟、博大的气度、浪漫的情怀、张扬的个性,影响了当时的许多国家,让后人景仰不已。在唐代,有那么多美好纯正的诗篇,那是像繁星一样闪耀的思想精华。

有人说我靠舞剧《丝路花雨》一炮打响,靠电视剧《红楼梦》(1987 年版,下同)一鸣惊人。但我深深知道,人物造型设计是一门很深的学问。中国是一个有五千多年历史的文明古国,各朝各代都有自己的特点,不能一概而论。比如:唐代发式的特点之一是两鬓抱面,设计时要突显造型的开放大气、雍容华贵;而宋代则受到程朱理学的影响,发式显得细腻拘谨、收敛保守。只有

 我自己化的印度王子妆，是不是还有些欧式立体感呢！

 我给自己化维吾尔族青年的妆时，将妈妈用的刷子上的毛拔下来做成睫毛，挨了一顿臭骂

对历史有所了解，才能设计出既符合历史又得到专家和观众认可的造型。除此之外，化妆师还要具备绘画，服装、妆发设计等方面的能力，这样塑造出来的人物才能更有生命力。

1989年，我担任了陈家林导演的大型电视连续剧《唐明皇》、电影《杨贵妃》的发型设计师，得以把多年来对唐代妆造的一系列研究成果和想法付诸实践。这一经历成为我继舞剧《丝路花雨》、电视剧《红楼梦》之后在化妆艺术上的又一次"跳跃"。《唐明皇》中的很多发式、首饰是独家定制的，经过了各种考证。俗话说："慢工出细活。"今天来看，《唐明皇》仍旧是电视剧艺术与中国古典文化艺术的完美融合，它不仅再现了大唐盛世的衣着（袒胸的襦裙、胡服、舞裙等）、头饰（牡丹、翠翘、钗朵、金雀、玉搔头等）、娱乐场景（打马球、斗鸡、拔河、插花等），展现了大唐的审美（以丰腴的体态为美）、文化（音乐、舞蹈、诗词、绘画）、开放的风气（如日本多次派遣遣唐

🔸 我自己化的白族少年妆　　　　　🔸 我自己化的俄罗斯青年妆

使赴唐学习，打破许多对女性的束缚等），而且通过人物造型展现出了大唐帝国的奢靡与光华。

　　1995年，在刘晓庆版电视剧《武则天》中，我们利用不同的造型，鲜明地刻画出武则天在各个年龄段和不同身份时期的神韵。我的经验是影视化妆师在考证历史事实的同时，还要根据影视剧的剧情要求、人物性格、布景道具等进行大胆的再创作。

　　现实生活中，受过高等教育的化妆师是少数，更多的人是跟着师傅学或参加短期培训，这无疑限制了行业的发展。我多么渴望中国能有一所真正的专业影视造型学院，给化妆师系统完整的教育，从而培养出高精尖的影视化妆造型设计人才。所以，在近几十年，我不断地学习、实践、总结，希望开创出具有中国特色的化妆教学模式。

　　我将在拙作《唐风流韵》中与大家分享我如何在中国古代文化宝库中汲取

营养，继承并弘扬传统的创作方法，我希望《唐风流韵》同《装点红楼梦》一样，成为影视化妆领域的权威教材。

对美好的东西，我有一种与生俱来的向往，常常从古今中外的艺术作品中发现美的影子，并用于妆容和造型中，这让出身医学世家的我在家人眼里像一个异类。

我从小爱看戏，四岁时就爱盯着戏里那些插金戴银、花枝招展的女角，仔细琢磨她们的发型、衣饰，乐此不疲。上小学时，每天路过画店，我总是情不自禁地停下脚步，反反复复欣赏挂在店里的画，百看不厌。黄均、王叔晖笔下细腻传神的古代仕女画，上海金雪尘、杭穉英、李慕白等人创作的身着旗袍的摩登女郎，还有《无名氏女郎》等画作，都对我以后的艺术道路产生了深远的影响。十岁时，我常去姐姐的学校观看演出，如黄梅戏《打猪草》《夫妻观灯》等，对这些剧目我至今仍印象深刻。到了寒暑假，我跟着姐姐逛庙会、闹"社火"、参加火车通车庆典……几乎每一场演出我都不错过，里面的妆容、服装看得我好生羡慕。

我自幼对佛学抱有浓厚的兴趣，寺庙里的一砖一石、一草一木，对我而言都有一种难以言喻的吸引力。透过袅袅香烟，那一幅幅美轮美奂的壁画，一尊尊法相庄严的佛像，每每都令我有新的领悟。

很感谢父亲单位的和学校的图书馆，它们所为我打开了通往艺术天地的大门。我从十三岁开始接触中国古典文学，读高中之前就看完了大部分古典文学作品。之后，我又开始涉猎外国文学。

十六岁时，上海的一个越剧团迁到了兰州。我经常去看他们的演出，被那些唯美的越剧服装和亮丽的妆造所吸引，于是，我突发奇想给自己做了一个古装造型，积累了多年的化妆灵感初次展露出来。十七岁时，在一次文艺比赛中，我自编、自导、自化、自演的《印度王子》还获了奖。

高中毕业后，立志报考北京电影学院表演系的我，因为一场伤寒不得不退出考场。随后我被当时的中国人民解放军广州军区政治部战士话剧团选中，开始学习话剧表演艺术。从小热爱舞蹈艺术的我，对每一个舞种都痴迷不已。至今已记不清在寒暑假，我在北京民族文化宫看过多少场舞蹈演出。转业后，我又在舞蹈家吴晓邦的工作室学习他自创的"舞蹈自然法则"体系，还跟着北京电影学院的舞蹈老师陈德霖学习芭蕾。

1964年，我被调至甘肃省话剧团。幸运的是，在团里我遇到了两位优秀的化妆师。一位是刘述勤，他曾是上海戏剧学院舞美系的陈绍周老师的学生；另一位是解宝琴，她是长春电影制片厂制作的《刘三姐》《边塞烽火》等电影的化妆师。虽然我当时的身份是演员，但平时，我常常观察他们给别人化妆的过程，这为我后来从事化妆工作树立了一个很高的标准。我领悟到，演员和化妆师有很多相通之处：演员需要分析剧本，了解剧本的结构、主题和人物，确定演出风格，并懂得从分析人物的内心世界入手，找到这个人物的性格特征，从而塑造出有血有肉、栩栩如生的人物形象。如果说演员是用思维、感情、肢体语言来塑造人物，那么化妆师则是通过做妆造，为人物提供符合其性格的外部特征，与演员共同完成整体的人物塑造。

"文革"时期，话剧团改编成了文工团，我改了行，被调至甘肃省歌舞团合唱队，参加样板戏的演出。1977年，甘肃省歌舞团筹备大型历史舞剧《小刀会》的演出，然而临近公演之际，化妆师的人选成了难题。这部大型舞剧涉及众多历史人物，化妆工作的繁重和复杂程度可想而知。紧急关头，舞美队队长李明强向团领导推荐了我，说我"平时就能剪裁，精通毛线活，巧于手工，富有创意"。当时的人特别单纯，凡事都服从领导安排，从不提条件。接到任务后，我立即向解宝琴老师求助，要来胡子和外国人的头套，操起针线、剪刀和脂粉盒，坐在明亮的化妆台前，只用了三天四夜就完成了任务，算是给团里立了功。从此，我在做化妆师的路上越走越远，一发不可收拾。易炎团长和团里的艺委会发现了我在化妆方面的潜力，开始重点培养我。1978年我担任专职化妆师后，接手的第一部大戏就是大型民族舞剧《丝路花雨》。几年之后，我参与了大型舞剧《箜篌引》的排演工作，这可真是"有意栽花花不开，无心插柳柳成荫"！

● 沈从文、常书鸿、段文杰等专家考察莫高窟，并建议将敦煌艺术以舞蹈形式呈现出来

我上的文艺创作高端研修班

《丝路花雨》创作研修班

1976 年，文艺创作开始呈现出欣欣向荣的景象。为迎接中华人民共和国成立三十周年庆典，文化部文艺调演的优秀剧目如雨后春笋，层出不穷。路已指明，摆在我面前的任务是奋发学习，努力提升自己，弥补不足。加入《红楼梦》剧组时，我已经四十二岁了。幸好舞剧《丝路花雨》为我在艺术创作上开辟了一条康庄大道。《丝路花雨》是敦煌学大家常书鸿先生提出的选题，甘肃省委宣传部拍板，部长直接挂帅，要求剧组七下敦煌向敦煌专家虚心学习。省里不惜重金，从北京请来历史学家沈从文、舞蹈艺术家吴晓邦等专家专门进行指导并严格把关。我当时只是歌舞团的一个化妆师，但速记能力较强，被征调到业务办公室做记录。这对我来说是千载难逢的学习机会，所有大小会议的内容、讨论，领导的指示，专家精辟的论述，编导们创作过程中的手稿，敦煌舞蹈的创作记录，各种各样信息的交流与反馈……所有这些第一手资料都经我的手，仿佛让我上了一回文艺创作的高端研修班！

经过近三年艰苦卓绝的努力,《丝路花雨》在庆祝中华人民共和国成立三十周年的演出中获文化部授予的"创作一等奖"和"表演一等奖"。在《丝路花雨》的创作初期,段文杰所长为我打开了敦煌宝库的大门,通过他细心、耐心的讲解,我懂得了为什么敦煌莫高窟是古丝绸之路上的一颗璀璨的明珠。创作时,编剧、编导们的脑子里每时每刻都会涌现出许多奇思妙想,一旦发现不可行就推倒重来。舞蹈编导们仿佛"走火入魔"一般,不停地思考着怎样在舞蹈姿态中融入壁画的风格,甚至连走路都在比画着舞蹈动作。最后,他们将敦煌壁画中人物的舞姿体态成功地复现于舞台上,还开启了一个全新的舞种:"敦煌舞"。跳敦煌舞时,舞者们五指分张,撅腿勾脚,展现出不同于以往古典舞的跳法。这次经历对我来说就像上了一堂《丝路花雨》的创作研修班。

我非常庆幸有这次学习的机会,不由得想:我做造型也应该以敦煌为灵感源泉,融入古代人物造型的精粹,创造出适应敦煌艺术美学的新颖风格。此时正处于文艺蓬勃发展的大好时期,我越发感受到了自己的欠缺。于是,我拜在兰州大学敦煌学学科创始人、敦煌学研究所前所长齐陈骏教授的门下,以弥补我在中国传统文化底蕴上的不足。他给我推荐许多必读和可读的书籍和学术论文,并介绍他的研究生给予我帮助和指导。

学友们告诉我,不要盲目抄书,要会学习,他们还推荐我分门别类地制作读书索引卡片,这样以后外出拍戏时,就不用带那么多的书,只需带卡片即可。那时我正值壮年,常常在完成团里的工作之后,便一头扎进甘肃省图书馆历史文献部,每每发现唐代舞蹈造型的记载,都如获至宝。结果,我的读书卡片数量猛增。

1984年,在齐教授的指导下,我在《敦煌学辑刊》上发表了我的第一篇学术论文《从敦煌绢画〈引路菩萨〉看唐代的时世妆》。该论文后被收入《1909—1983敦煌学论著目录》,我也因此顺理成章地成为敦煌学、吐鲁番学学会的会员。之后,我又陆续发表了五篇学术论文。

齐教授对我说:"你本身是做化妆的,最有资格研究古代妆造,你可以成为一个学者型的化妆师。"感恩导师无时无刻不在为我规划前进的方向。

● 我与编导在敦煌艺术研究院资料室学习。从左至右分别是为刘少雄、我、许琪和许成华

人生最美好的事，
莫过于和一群志同道合的人
奔跑在实现理想的道路上。
回头有一路的故事，
低头有坚定的步伐，
抬头有清晰的远方！

形成自己的创作理念

❋ 1979年到1984年,《丝路花雨》剧组进京和出国的任务特别多,在此期间我始终保持清醒,知道每次出行的目的不是旅游、购物,而是学习和积累知识。每次到北京,我都直奔中央美术学院、中央工艺美术学院(今清华大学美术学院)、北京人民艺术剧院、中国青年艺术剧院、绢花厂等可以学习的地方。在这段时间,使我形成了"以古为源,融古为己,化古为新"的创作理念,并一直将此理念坚持了数十年。

1984年8月,电视剧《红楼梦》朝我打开了一扇大门,能不能胜任这份工作,对我来说还是个未知数,而开机时间就在一个月后。幸好我从小就喜欢《红楼梦》。小学时,上学的路上每次路过书摊,我都会停下来翻看连环画,其中最爱看的就是《红楼梦》。十四岁时,我在父亲工作的医院的图书馆看过《红楼梦》全本,虽然好多字都不认识,里面的诗词也不能完全理解,但我觉得那些诗词好美,还把好多都抄在笔记本上。再长大一些,电影、越剧《红楼梦》看得我如醉如痴。大画家戴敦邦、黄均、王叔晖画的《红楼梦》相关作品我都有珍藏。到了剧组,我就将无人问津的《红楼梦研究辑刊》全搬到我的宿舍里。

一天,剧组要请红学专家看我化的妆,研究该剧的化妆风格。专家来之前,我一个人化了一天一夜。到第二天的下午一点钟,看妆开始,现场气氛相当凝重,我坐在那儿困得实在睁不开眼。专家们以鼓励为主,但编剧之一周岭老师的一句话把我从瞌睡中惊醒:"(妆造)给我满嘴镶金牙的感觉。"当着那么多红学专家、剧组制片、导演、主创的面,他毫不留情地指出了我的问题。大家以为我会接受不了,但我觉得人家说的很中肯而且一针见血。事后,王扶林导演与我进行了一番长谈,并鼓励我说:"(你要)化出《红楼梦》的特殊风格!"

《二十四史》虽说是封建社会的百科全书,但里面没有提到古代化妆史。

我只能"无法学法""以古为源",通过研读史书,从古代生活史料中寻根觅源,从而真正理解曹雪芹的艺术构思和创作方法。

后来,弟子到我这里求学,我首先要求他们每天必诵读"以古为源"。有人评论说:"杨老师的妆耐看、经看,是因为里面融入了古代妆造的文化底蕴,永远不过时。"实际上,这也是我教学的前提。

对于那些以前学过化妆的学生而言,"无法学法"意味着他们要改正以往不规范的打底习惯。我强调打底要薄、透、自然,这看似简单,但做起来不是那么容易,没学过化妆的学生做起来反而相对容易些。所以在教学中,我每天都要强调、示范并检查他们的打底作业,因为正确的立体打底是化好眉妆、眼妆、唇妆的基础。如果大家在结业时能掌握这一真传的话,就能够使化出的妆容更加生动、艳丽、醒目且自然。

有了"法",我在教学上还需引导学生掌握"变法"的重点。做复原妆造时,要想尽一切办法和文物、绘画、壁画里的人物形象保持一致。如果说要在"以古为源"的基础上加入现代元素,就要考虑"源"对自己的要求和限制,否则作品就会显得不伦不类,导致复原妆造失败。举例说明,我做的"刀形半翻髻",就是在原基础上的华丽变身,既保留了唐风,又给人以富贵艳丽

● 我与王扶林导演

> 对于那些以前学过化妆的学生而言,『无法学法』意味着他们要改正以往不规范的打底习惯。我强调打底要薄、透、自然,这看似简单,但做起来不是那么容易,没学过化妆的学生做起来反而相对容易些。

◊ 我画的林黛玉妆造设计稿

● 《红楼梦》中林黛玉（陈晓旭饰）的造型

自是天下第一梳

015

之感，这符合盛唐人们生活富足、追求享乐的特点。

　　为了加强教学效果，我每天晚上回到住地后，无论多晚都会发出当天教学的总结微博，帮助大家加深对每堂课程内容的理解。有时当天的课堂照片很晚才发来，有些挑灯夜战的弟子看到刚刚发布的微博会发微信问我："师父您是没睡还是起床了，这么晚还在工作，为了您的健康，还是不要熬夜了吧！"对我来说，我只有把微博发出去才能安心地睡觉，给自己定的规定必须遵守。

　　开课期间，一切活动从简，我不参加饭局，不会客，不接受采访，尽可能留下充足的时间用于备课和休息。后来我调整了上课的时间，早上是化妆课，中午摄影师拍照，午饭后弟子们进行妆造练习，三点半我开始对每个人的作品一个一个点评，下午摄影师整理照片，到晚上十点左右我就可以拿到照片了，这样我发微博就可以不用熬得那么晚了。

　　上课时，我们的教室非常安静，大家都聚精会神地学习，这期间允许大家提问，让大家都能"知其然，知其所以然"，这样才能更好地掌握"有法变法"的尺度和技术手法。弟子们的作品在社会上得到不少好评，是因为他们的作品有品位，他们有文化底蕴且敬业。研修班的合作者也给予他们很中肯的评价："他们的工作态度、技术手法就是不一样，我们愿意和他们长期合作。"

　　"有法变法"的过程实际上就是艺术设计的过程。有一年冬天，华为采访我时，我是这样说的："作为一个化妆师，设计人物造型，梳理人物在矛盾冲突中所表现出来的不同状态就是我的工作！"

　　这种"变法"首先受到人物所处的朝代、环境及经济文化背景的影响，人物身份、此时此刻人物的处境等诸多因素都可以成为造型"变法"的依据。像武媚娘被迫在感业寺出家，后来与皇上旧情复燃被接回宫中，怀孕还俗后，头发逐渐长出来，这个过程需要一段时间。所以，我的"变法"就是根据戏的规定情境、时间的推移、人物当时的身份来设计的。

最后,"有法无法"是创作上到达的随心所欲的高级阶段。造型表面上似乎没有章法,似乎随心所欲、信手拈来,但仔细观察,处处皆是学问。

我年轻时曾看过中国青年艺术剧院演出的话剧《文成公主》,表演艺术家梅熹在剧中饰演唐太宗,他在剧中的"三笑"处理得尤为出色,瞬间把大唐帝国的实力和气魄展现得淋漓尽致。其他戏份他演得轻松自如,到了这"三笑"时,他像是铆足了劲,一下子把戏推向了顶点,把一个顶天立地的大唐天子的气魄及博大胸怀生动地展现在观众的面前。

在艺术鉴赏领域,优秀的作品常有神品、逸品之分,我们从这些精品里面将会获得多少"无法"的精髓啊!

教学既是一门艺术,也是一门学问。《礼记·学记》中提道:"学然后知不足,教然后知困。知不足,然后能自反也;知困,然后能自强也。故曰:教学相长也。"俗话说"人无完人",专家也只是在某方面比别人看得多些,研究得多些,但还会有欠缺的地方,在教学过程中,双方都能得到提升。面对成百上千个学生,你能预计到他们会提出什么样的问题吗?所以备好课很重要,这实际上也是自我提高的过程。

当达到"有法无法"的境界时,你就知道什么地方需要使劲,以及如何去使劲。在课堂上,我仍然举《武则天》(刘晓庆主演)的例子来说明。在剧中,武媚娘被迫出家为尼。对武媚娘来说,失去头发就意味着回宫的希望彻底破灭,所以在感业寺剃度时,她拼命护住自己的头发。七八个尼姑,有抱胳膊的、抱腿的,还有搂着腰的。住持拿着剪子无情地在她头上一撮一撮地剪下去,头发随着镜头一绺一绺地落在地上,她拼命挣扎,却无济于事,希望破灭了。但在这种情况下,她的目光中仍透露出不屈不挠的顽强,可见她没有屈服,而是在等待机会。

在感业寺，她劈柴、担水，所有的重活都干。但她要保护自己，外出的时候，她会戴比丘帽，也会戴斗笠。此时的她也应该是绝色的，所以我计划在"绝色尼姑"的形象上大做文章。于是，在化妆时，我首先要把刘晓庆的头发用软肥皂全部贴在头皮上，在头部不够圆润的地方填上棉花，再戴上胶乳制成的头套。我还为她做了一个牵引的"装置"，在头两边用她自己的头发编了两根小辫子，通过拉扯这两根小辫子，将眼睛周围的肉全拉上去，所以眼睛就变成了凤眼。当我给她拉紧了以后，她看着镜子里的自己对我说："'手毒心狠'的大杨，你不知道把我的头发拉掉了多少根。"我说："为了十四岁，咱们只能这样。"她说："对，为了十四岁你就拉吧！"

我曾在敦煌壁画中看到过一幅地藏菩萨的画像，他以比丘尼的形象出现，眼皮上部的白色装饰如同现代的白色眼影，眉眼的画法也很像现代的妆容，这给我留下相当深刻的印象。在古代，我们已经能接受另类的美，所以我要把剧中武媚娘的尼姑形象塑造成"秃星"。这个造型既有了当代的审美意识，也符合武媚娘此时此刻的心境、环境和她没有头发的实际情况。

1982年，《丝路花雨》到法国演出，我们在此观摩了一场全是"秃星"的时装秀。在国内我们从来没有看到过这样的走秀。在现代音乐的烘托下，那些浓妆艳抹却没有一根头发的"秃星"穿着令人惊艳的另类时装，引领着当季巴黎的时尚潮流，让我目瞪口呆。那种巨大的冲击简直无法用语言形容，这种另类的美不仅震撼了欧洲的舞台，也颠覆了我以往的审美观念。可见，武媚娘在感业寺的妆就应该是"绝色尼姑妆"，不然的话怎么能使李治跟她一见面就旧情复燃呢？于是我又把看似"无法"的妆造变成了"有法"的妆造。

这些关于妆造设计的过程，有基础和零基础的弟子都很爱听。

研修班都上哪些课程

❈ 零基础的人能不能上我的研修班？我说可以，因为"一张白纸好画画"。就说打粉底，学过的人往往打得过厚，而且原来的习惯改起来总是很难。除了面部化妆课，还有梳妆课和饰品制作课。我会手把手地教给每一个弟子制作我的独家头饰——金丝凤，还会传授无底胎仿点翠工艺、丝网花制作及染色技巧，并且每天都会给弟子们安排作业点评课及走秀指导课。晚上的时间，大家可以做饰品，也可以根据自身需求安排。这个研修班实际是短期强化教育的训练班。

在研修班开课期间，我会严格按照教学理念来引导大家，确保在结业走秀时每个弟子都能拿出一定水平的作品。我们会把作品以照片、视频的形式发在微博、抖音等媒体上，期待大家的点评和认可。

研修班的最后一天是结业日，那些经过弟子们精心安排并且通过我审查的作品，都会在当天展现。弟子们将得之不易的知识、技能和心血全部融入自己的作品之中，他们的作品每一件都优雅得令人赞叹。我时常情不自禁地随着表演节奏点头，看见激动的泪水在他们的眼眶里打转。

考核完成后，隆重的时刻到来了：我将亲自审核并签名、盖章的拜师帖，双手送到每一个弟子手中。我们的约定是：为传承中华优秀传统文化而奋斗终生。我向大家保证："一日为师，终身为父。"并且特别强调："传承是一辈子的事！"

离别的时刻到来了，有的弟子眼含泪水，说："师父，我们舍不得您，您要多保重！"有的弟子双手捧着自己做的精美饰品，对我说："把它留在师父旁，就像我们在您身边一样！"我双手接过这份心意，笑着说："现在有微信，我们可以天天通话，想我了还可以跟我视频通话嘛！回去以后别忘了按时给师父交作业呀！"

现在线上教学真是方便。他们之后交来的作品，我都会仔细检查并指出哪里有不足。通常经过三次指导，弟子们的作品便有了显著提高。我会把这些优秀作品发在微博上，这既是对弟子们学习的肯定，也会对他人有启发作用。

看到弟子们的进步和成长，我不由得喜上眉梢，甜在心头！

◀ 我画的贾元春造型设计稿

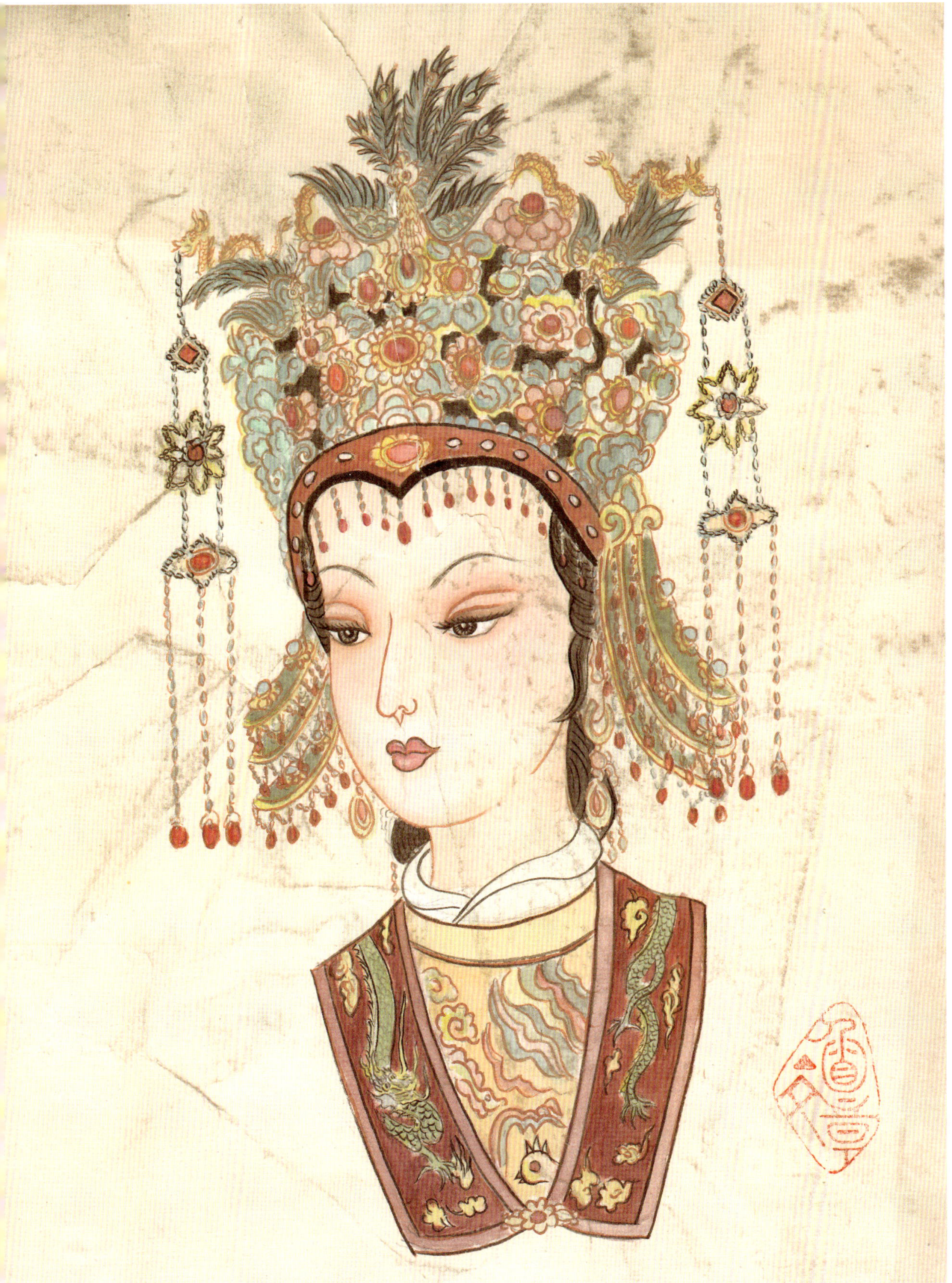

人物注释

常书鸿（1904—1994）

浙江杭州人。曾任敦煌文物研究所所长，国家文物局顾问。曾主持开展敦煌艺术研究所、敦煌文物研究所的各项业务。创作了《敦煌农民》《珠峰在云海中》等数百幅油画及素描、水粉画等作品；发表《敦煌艺术的源流和内容》《敦煌莫高窟艺术》《敦煌飞天》等敦煌艺术研究论文数十篇；出版《新疆石窟艺术》《敦煌飞天》《九十春秋——敦煌五十年》等著作。常书鸿先生在大漠戈壁的恶劣环境中，率领敦煌艺术研究所、敦煌文物研究所的同仁艰苦奋斗数十年，开创了敦煌石窟保护、研究和弘扬事业，被誉为"敦煌守护神"。

吴晓邦（1906—1995）

生于江苏太仓。中国舞蹈艺术家、理论家、教育家。吴晓邦以早期现代舞的"舞蹈自然法则"为基础，结合中国民间舞蹈的特点，创立了一套理论与实践相结合的教学体系，培养了大批的舞蹈人才。他是有影响力的舞蹈教育家，是20世纪中国新舞蹈艺术的先驱者。代表作有《丑表功》《思凡》《饥火》《虎爷》等。

段文杰（1917—2011）

四川省绵阳市人。曾任敦煌研究院院长、甘肃省美术家协会副主席，获得了"敦煌文物保护研究特殊贡献奖""敦煌文物和艺术保护研究终身成就奖"。发表《莫高窟唐代艺术中的服饰》《临摹是一门学问》等论文50余篇；出版《敦煌石窟艺术论集》《段文杰画集》等著作10余部；主编《中国石窟·敦煌莫高窟》（5卷）等敦煌艺术图书和画册数十种。长期从事敦煌艺术的临摹、研究和弘扬工作，领导敦煌文物研究所、敦煌研究院的各项事业发展，是敦煌石窟艺术保护、研究和弘扬事业的开创者，中国敦煌学的领军学者。

贺世哲（1930—2011）

敦煌学家，曾任敦煌研究院考古研究所所长。自1976年以来，贺世哲先后出版《敦煌石窟论稿》《敦煌图像研究——十六国北朝卷》等专著6部，发表论文50余篇，在敦煌石窟历史和内容研究方面取得开拓性和突破性成就，为推动敦煌学研究事业的发展做出了重要贡献，为国内外学术界所推崇。

王扶林（1931—　）

生于江苏省镇江市，导演、制片人。导演电视剧《红楼梦》《三国演义》等。荣获中国电视剧导演工作委员会颁发的"杰出贡献奖"、首届全国优秀录像片"优秀导演奖"、"全国十佳电视导演"称号。

施萍婷（1932—　）

浙江永康人。曾任敦煌研究院敦煌遗书研究所所长、研究馆员。长期从事敦煌文献与敦煌石窟研究，不仅在敦煌文献整理、调查、研究方面贡献较大，而且在石窟壁画内容考释研究方面成果卓著，影响深远。发表《建平公与莫高窟》《本所藏〈酒账研究》等论文60余篇；出版《敦煌遗书总目索引新编》《敦煌石窟全集·阿弥陀经画卷》《敦煌习学集》等著作7部；主持编纂《甘肃藏敦煌文献》（共6卷）。

齐陈骏（1936—2022）

兰州大学敦煌学研究所前所长，曾兼任甘肃省敦煌学会副会长，兰州大学敦煌学学科创始人。教学中曾开设《敦煌学概论》《河西史》等十几门课程，科研方面发表《敦煌沿革与人口初政权》《隋唐时期选举用人制度论述》等几十篇论文。晚年专心研究河西走廊古代史和敦煌文书。发表的论文和著作总计约200万字。

陈家林（1943—2022）

生于江苏省南京市。1979年开始任导演，执导的首部电影《鸟岛》获1979年文化部优秀影片奖。之后，又先后执导了电影《末代皇后》《杨贵妃》、电视剧《唐明皇》《武则天》《康熙王朝》等多部优秀影视作品，曾荣获第2届小百花奖"优秀科教片导演奖"、第2届小百花奖"优秀科教片编剧奖"。

周岭（1949—   ）

著名文化学者、红学家、剧作家。曾担任1987版电视剧《红楼梦》、音乐剧《红楼梦》、音乐剧《金瓶梅》、歌剧《长恨歌》的编剧，央视《百家讲坛》《文化正午》主讲学者，北京大学歌剧研究院特聘教授。

唐风
Cosmetic Art of Tang Dynasty
流韵

❦

繁花似锦 形神兼备 亦真亦幻

第二章
一生荣辱在妆中

> **编者按**
>
> 盛世帝国的美学宇宙
>
> 在长达半个多世纪的影视化妆实践中，杨树云参与塑造了五部重量级唐代影视和舞台作品中的经典形象。其中不仅有享誉世界的中国名片《丝路花雨》（舞剧），还有《武则天》《唐明皇》《杨贵妃》，甚至还包括亚洲第一部IMAX 3D电影《大明宫传奇》。其作品横跨舞剧、电视剧、电影，足见其技术之绝，艺术造诣之高。从异域公主到飞天伎乐，从绝代皇妃到千古女帝……杨树云打造的是一个盛世帝国的美学宇宙。

享誉世界的中国名片
《丝路花雨》

中国民族舞剧的典范

　　人们往往把世间最美好的事物同神仙联系起来，然而谁也没真正到过那玉宇琼楼，见过仙子。《丝路花雨》为观众提供了这样一个机会，让他们坐在剧院里，聆听琵琶、羌笛发出的乐音，观赏《霓裳羽衣舞》。在薄雾的萦绕中，看那衣带飘飘的仙子仿佛飞上天去又凌空而下，观那片片花雨洒落眼前，任谁都会怀疑自己是否已身到瑶池仙境。

　　迄今为止，《丝路花雨》已经经过国内外二千多场公演的考验。早在上演之初，它就在庆祝中华人民共和国成立三十周年的演出中获文化部授予的"创作一等奖"和"表演一等奖"，1994年荣获中华民族20世纪舞蹈经典作品"金像奖"，2010年被上海大世界吉尼斯总部评为"中国舞剧之最"。

　　剧中，由敦煌壁画中的六臂观音形象引出了发生在古代丝绸之路上的中外友谊故事。该剧讲述了神笔张和女儿英娘之间的悲欢离合，以及他们和波斯商人伊奴思患难与共的经历，反映了盛唐社会的繁荣兴旺，以及中外人民被"丝绸之路"联结起来的珍贵友谊。这一看似平凡的主题，被艺术家们赋予了新颖的构思和独特的风格，创造了英娘这样一个以敦煌飞天为灵感来源的艺术

●《丝路花雨》早期演出海报

形象，使沉睡千年、深藏洞窟的敦煌壁画活生生地欢舞在人们面前，再现了中华民族古老文化的精华。

在这么多场演出中，有两场让我印象深刻，其中一场是庆祝中华人民共和国成立三十周年时，甘肃歌舞团《丝路花雨》剧组在北京红塔礼堂进行的首场演出。演出前，后台化妆室里的我格外兴奋，我的手在演员的头上、面颊上不停飞舞着，为他们编出各式各样的发髻并佩戴上簪饰、翠翘、步摇、纱花、花钿、金钗、项链、手镯等。这些饰品被巧妙地被串织成五彩缤纷、精巧神妙的图案。节度使夫人头插九根玉叶金钗，装扮得雍容华贵；八音仙乐伎头戴金闪闪的光环，风韵迷人；印度舞伎、波斯舞伎美目流盼……二十七国交易会中的人物个个光彩照人！开场的铃声响起，红色的大幕在唐代乐曲的伴奏声中徐徐拉开，飞天在蓝天的背景下翱翔曼舞，向"人间"洒下花雨，同时篆体汉字"丝路花雨"被缓缓推出，观众席中爆发出热烈的掌声。第一场"敦煌集市"的场景同样让人惊叹：大幕再次拉开，将观众带回了唐代的敦煌，各色人等伫立其间，等待集市开市。这一幕又引来一阵掌声，舞台监督跟我说："这是在给人物造型鼓掌。"我不禁百感交集。当时有人说："这些造型太像日本人（的造型）了。"我马

🔸《丝路花雨》第四场"千手观音"的场景

🔸日本奈良时期女性的发式和头饰

1982年,《丝路花雨》在意大利演出时的海报

上反对："是日本的服饰像中国的！日本奈良时期的头饰、服饰都是从大唐传过去的。"

还有一场是1982年9月14日，《丝路花雨》登上了意大利斯卡拉歌剧院的舞台。剧院的工作人员说："你们是斯卡拉歌剧院首次接待的来自亚洲的艺术家。"还有人说："进入斯卡拉歌剧院演出，意味着你们达到了世界一流水平！"在米兰，到斯卡拉歌剧院看戏、听音乐是人们生活中的一件大事。观众都要穿上晚礼服来观看演出。开幕的钟声响起后，两千多名观众鸦雀无声。随着音乐响起，大幕像蝴蝶翅膀一样徐徐展开。"啊！"观众席中不约而同地传来阵阵惊叹。他们看到了在五彩祥云下，美丽的飞天仙女翩然起舞。那仙女好像意大利画家米开朗琪罗名震全球的穹顶画中的美女一样，时而从天而降，时而飞上云端，营造出了一番梦幻般的神奇景象，使表情丰富的西方观众连连点头、赞叹不已。序幕落下，观众依然沉浸在"仙境"之中，音乐停了几秒他们才回过神来，并立刻报以热烈的掌声，显然是被飞天仙女们凌空飞舞的曼妙姿态惊呆了。

整场演出，观众的情绪一直处在热烈、惊奇和欢乐之中，每一幕结束，观众席都会爆发出经久不息的如暴风雨般的掌声，他们还用意大利语高喊："妙呀！"落幕时，整个剧场一片沸腾，观众起立后长时间鼓掌，并不断高呼："好极了！""比好还好！""万岁！中国万

▲ 1982年，《丝路花雨》在法国、意大利演出时的场景

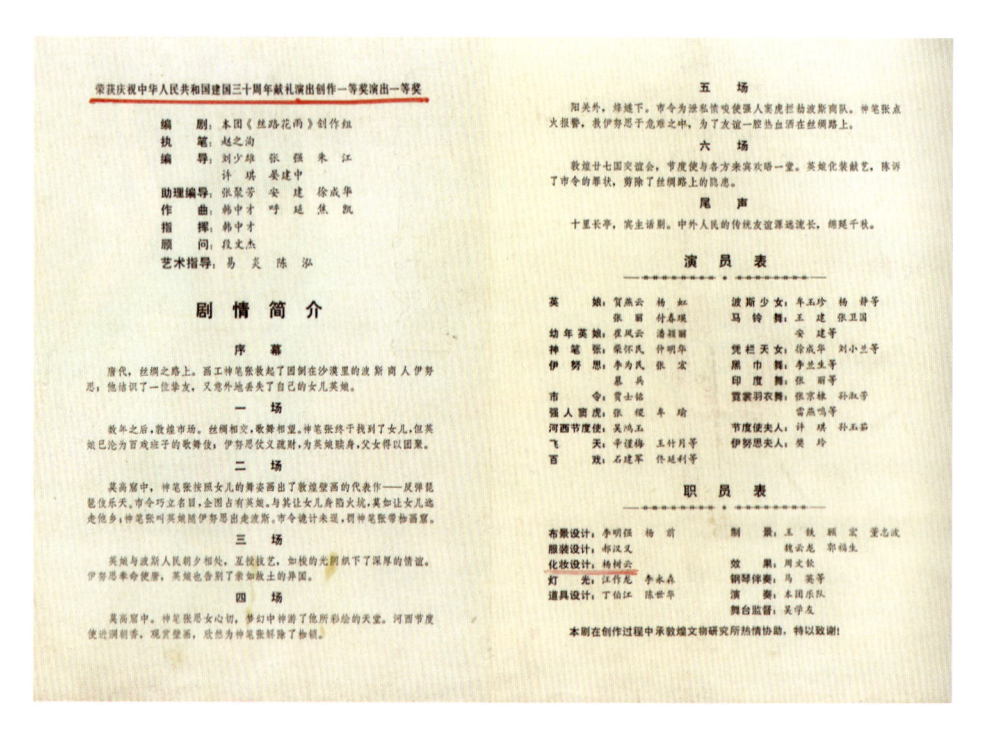

演出期间印发的《丝路花语》剧情简介及演职人员介绍

岁！"演职人员一连谢幕十多次，整个过程长达二十多分钟。那一刻，我站在世界的舞台上哭了。

有人总结，《丝路花雨》之所以轰动中国乃至全世界，主要是因为它有"三新""三美"，"三新"即题材新、构思新、立意新，"三美"即造型美、音乐美、服饰美。

当初，甘肃歌舞团的创作人员曾七赴敦煌，用时四个月，仔细观摩了二百多个洞窟。我们根据丝绸之路和敦煌石窟皆在唐代达到全盛这一史实，除了在内容和舞蹈方面取材于唐，在音乐、服装、妆容等方面，也无不以唐为镜。

辉煌灿烂的敦煌莫高窟从来就是历史学家和艺术家们流连忘返的艺术宝殿。在敦煌的日日夜夜里，我们仿佛置身于一个天衣飞扬、满壁风动、金碧辉煌、光彩夺目的神奇世界里，深深为祖先杰出的艺术才能和光辉的艺术成就所折服。

我们从生活、传统绘画遗产以及戏曲遗产中，细致研究了一千多年前盛唐时期的历史、建筑风格、风俗习惯、生活用具、服装样式、装饰图案、头饰以及首饰等，这些研究成果丰富了《丝路花雨》的艺术色彩。

我第一次随舞台美术设计组去敦煌，是敦煌研究院段文杰所长接待我们的。白天上课时，段老师拿着一串开洞窟的钥匙和一把手电带领我们参观并为我们讲解壁画。晚上躺在招待所的床上时，感觉满墙满眼都是壁画中的场景。俗话说："天上一日，地下一年。"短短的七日，我却觉得胜似活了几年。

段所长深入浅出的讲解，为我们打开了敦煌宝库的大门。我随着飞天的飘带，在存在于千年前的世界中翱翔，穿梭于敦煌的每个角落。飞天将我引到供养人的壁画前。这些唐代的写真画卷，让我看到供养人对佛的敬畏与虔诚，也看到了唐朝人民的穿着打扮、等级区分及精神面貌。

"小伙子！非得我这个老头子来接你吗？"段文杰所长熟悉的声音把沉醉于净土天国中的我拉回到现实。此刻，最后一抹阳光消失在鸣沙山麓，夜幕降临了，只剩呼啸的山风在回响。人们常说："为了一口鲜，费尽千般苦。"戈壁滩上的莫高窟方圆二十五千米内荒无人烟。学习期间，我们

🔸 我为电影《丝路花雨》中印度婆罗多舞演员化妆

喝的是上游流下来的苦水，吃的是玉米面发糕，没有任何娱乐活动。然而，有的老师从中华人民共和国成立前就开始在这里保护它、爱护它、研究它，他们太希望这古老的艺术能被更多的国人所认识。曾经有日本人夸口说："敦煌在中国，研究在日本。"但1983年中国敦煌吐鲁番学会的成立，终于让世人知道："敦煌在中国，研究在中国！"

将敦煌壁画搬上舞台，对化妆师而言是一个全新的课题。这不仅给予了化妆师广阔的前景，还使我们在从古老的艺术宝库中学习、借鉴、继承的路上迈出了重要的一步。在从敦煌沿河西走廊至西安考察丝绸之路的风土人情时，我们收获了大量的素材。这些素材让我们开阔了眼界，活跃了思想，丰富了想象力。为了设计出一件首饰、一个发式，我常常要翻阅几十万字的史料，并从古典文学名著的描写中汲取人物形象的素材。

舞剧《丝路花雨》的创作者常老功不可没。他非常支持我们创作敦煌题材的作品，一直指导并鼓励我们。常老不止一次对我说："敦煌艺术的平民化，才是敦煌壁画的本源。"一开始我对这句话还不理解。他进一步解释说："壁画是平民创造的，为平民艺术。你们将敦煌壁画以各种艺术形式展现出来，获得了大众的接受和喜爱，而且走出了国门，走向了世界。这些创举都是很有意义的。敦煌艺术不仅是中国的，是世界的，也是全人类的！"《丝路花雨》是将平民创作的艺术以舞剧的形式还给大众，这是一项伟大的艺术工程。

回到兰州后，我夜以继日地工作，终于如期为《丝路花雨》中的七十多位登台演员（他们共饰演了二百多个角色）设计出了全部的头面妆饰图案。在这部大型舞剧中，有盛唐时期的达官显宦、外国使节，还有飞天仙女、霓裳舞伎、波斯少女等不同角色。

1982年《丝路花雨》在法国、意大利演出，我为领舞李红重新设计的印度婆罗多舞妆容

一生荣辱在妆中

035

🔸 我手绘的婆罗多舞舞者妆发设计图

◊ 我手绘的节度使夫人妆发设计图

《丝路花雨》的人物造型

《丝路花雨》中的主角英娘是典型的唐代少女,她的造型应该有什么特点?

敦煌的莫高窟现尚存有壁画和雕塑作品的共492窟,计有壁画4.5万多平方米,彩塑像3000余身。如果把这些壁画全铺展开,可以组成高3米、长15千米的巨大画廊!壁画展现出来的西方净土中,有大量造型优美的菩萨、天女和伎乐天的形象。闻名中外的莫高窟第194窟中的彩塑菩萨,面相丰腴,以浓墨点睛、朱红涂唇,头束高髻,项佩璎珞,加以锦绣帔帛薄薄地贴在身上,身段秀美,气度娴雅。与其说她是菩萨,不如说她是一位风姿绰约、充满青春活力的少女。她表情恬静,仿佛在聆听人们的祈祷。她身体的曲线展现了中国特有的内在美,她的神韵堪称东方的维纳斯!还有莫高窟第220窟中的那些风姿翩跹、婉转多姿的歌舞伎乐天,她们眉如弯月,朱唇含笑,脑后的垂发显得柔美飘逸。唐代流行"菩萨如宫娃"的说法,这些形象无一不是源自现实生活中的人物,却又经过了一种浪漫、夸张的艺术化处理。

除了以敦煌数百个洞窟中大量、生动、具体的壁画和彩塑作为形象依据外,为了使

莫高窟第194窟中的彩塑菩萨

◐ 造型优美的唐俑

造型体现唐风，我还参照了南京博物院珍藏的唐俑的造型。西安博物院也收藏有当地出土的大量唐俑和波斯俑。通过对唐代永泰公主、章怀太子、懿德太子墓室中的壁画，唐代名画《步辇图》《簪花仕女图》《捣练图》《历代帝王图》《八十七神仙卷》以及古波斯画册等材料的研究，我终于找出了唐代人在社会风貌和审美习俗上的共性。

与此同时，我还广泛地翻阅了其他朝代的绘画作品，如《女史箴图》《洛神赋图》《韩熙载夜宴图》，永乐宫壁画和现代画家潘絜兹创作的《石窟艺术的创造者》等。通过对比，我找出了唐代人物造型艺术区别于其他朝代的地方。

在研究《丝路花雨》化妆和造型的过程中，我深深地体会到，发式在人物造型中最能体现时代特色，因此发式研究是化妆工作中不容忽视的重要部分。因为政治、经济、文化共同影响着社会习俗和人们的审美观，所以基于不同朝

🔸 唐·周昉《簪花仕女图》

唐风
流韵

040

🔸 我临摹的敦煌榆林窟壁画

代的审美观，我们会设计出不同的发式，而这些发式也会体现出不同朝代的特色。

《全唐诗》对女子头饰和服饰有着非常详尽的介绍。与历代女子相比，唐代女子的服饰可以说是最讲究、最富有时代特色的，且初唐、中唐、晚唐的服饰又各有特点。舞伎的服饰比一般妇女的更为奢华，发髻的样式也更多，如圆髻、高髻、堕马髻、闹扫妆髻等。髻上所插戴的头饰有金钗、步摇、翠翘、镶有珠玉玛瑙的梳篦、钿钗，以及花冠、玉叶冠等。其中，梳篦至今仍是日本女子喜爱的装饰品。

唐代流行的半翻髻和《簪花仕女图》中人物所梳的高髻都很有特点，但对舞蹈演员而言，她们的跳动幅度大，且高难度动作多，这样一尺多高的发髻会给她们的表演带来不小的负担，因此，我需要在这些名目繁多的发型中选择并加以概括。

第四场"梦幻"的场景中，拨弄八音仙乐的伎乐天头戴镶嵌着三颗宝珠的金冠，梳敦煌壁画中天女常梳的飞天髻，显得妩媚清秀。凭栏天女组舞在造型上着重体现"体如轻风动流波"的仙意,她们的发型上装饰有一圈金光闪闪的圆环,让观众看后会联想到菩萨脑后的圆光,这种虚实相生的做法,给观众留下了充分想象的空间,更为梦幻的仙境增添了浪漫色彩。

莲花童子表演的《柘枝舞》,造型上要表现角色洁净、可爱、灵动的特点,从而使古老的柘枝形象得以在舞台上复活。壁画中的莲花童子是睡在莲花里、只穿红兜肚的小孩子形象,活泼可爱。然而经过反复推敲,我对设计始终不满意。后来我发现唐代路德延的《小儿诗》中有描述:"长头才覆额,分角渐垂肩。"张祜的《观杭州柘枝》中记载:"旁收拍拍金铃摆,却踏声声锦祍摧。"在排练过程中,两个小童互相抵住头转圈的动作让我联想到了小牛犊的形象,于是,我设计出梳牛角双髻的小童子形象,他们左右两边垂着两缕头发,额头上点胭脂,手脚戴着金铃,显得更加活泼可爱。

在英娘与组舞、组舞与组舞之间的设计中,我们都充分考虑到了

● 莫高窟 220 窟中的莲花童子

阴法鲁、沈从文、盛婕到甘肃指导舞剧《丝路花雨》

从局部到整体的协调性，以及从角色整体到局部妆造上的变化。这使得演员妆容及发式造型丰富多彩，繁而不乱，层层出新，始终以陪衬英娘为主要目的。

彩排后，我们发现在唐代发式特点的表现上还需要进一步加强，以更好地突出唐风。1981年9月，《丝路花雨》剧组再度进京时，我专程去拜访了著名作家、学者沈从文老先生。

当年，近八十高龄的沈老谈及《丝路花雨》来，竟然像孩童般活跃起来。他谈了对英娘造型方面的意见，还兴致勃勃地拿出即将付印的书稿《中国古代服饰研究》让我看。我一翻开，就入了迷。饭后，沈老去午睡了，我仍沉浸在书中。我反复翻看书中莫高窟第130窟的"都督夫人"，这幅图是反映现实人物形象的，是最典型的供养人图像。太原王氏和两个女儿面如满月，贴着花钿，施着靥饰，体形丰腴健美，雍容华贵，就连她们身后的侍婢也各有其神态，犹如百花争艳。这幅杰出的壁画和当时著名的仕女画画家张

◆ 节度使夫人的扮演者头戴九根玉叶金钗

◆ 我为节度使夫人的扮演者化妆

◆ 唐·阎立本《历代帝王图》（局部）

萱、周昉所作作品中的"秾丽丰肥之态"完全吻合。我高兴极了，这正是我要追求的唐风。

《丝路花雨》第一场中，买珠宝的贵妇人没有什么大的舞蹈动作，所以我希望通过她展现盛唐贵妇奢华的装扮，以起到画龙点睛的作用。我为第一场中的贵妇人设计了头顶镶珠翠的大凤，以示其富贵；为第四场中进香的节度使夫人设计了"发似乌云"的飞髻，强调两鬓抱面的发式特点，其上插有精工巧制的步摇、翠翘、金钿。在第六场的"二十七国交易会"中，我为节度使夫人设计了面贴花钿、头梳三环高髻的造型，并且发髻上插九根玉叶金钗，以示身份。沈从文老先生看过剧后说："唐代一品夫人的九根玉叶金钗，插在头发里就没有一尺半了，而且古代的一尺也比现代的短，现在夫人头上插的金钗太长，虽然舞台上允许夸张也不能脱离生活的真实。"可见，一个化妆师将设想搬上舞台，舞台效果要经过多方检验。

做《丝路花雨》的面妆时，我借鉴了唐代绘画的晕染法。中国绘画具有悠久的历史传统和独特的民族风格，在人类的艺术宝库中闪耀着异彩。几千年来，画家们辛勤创造，为我们留下

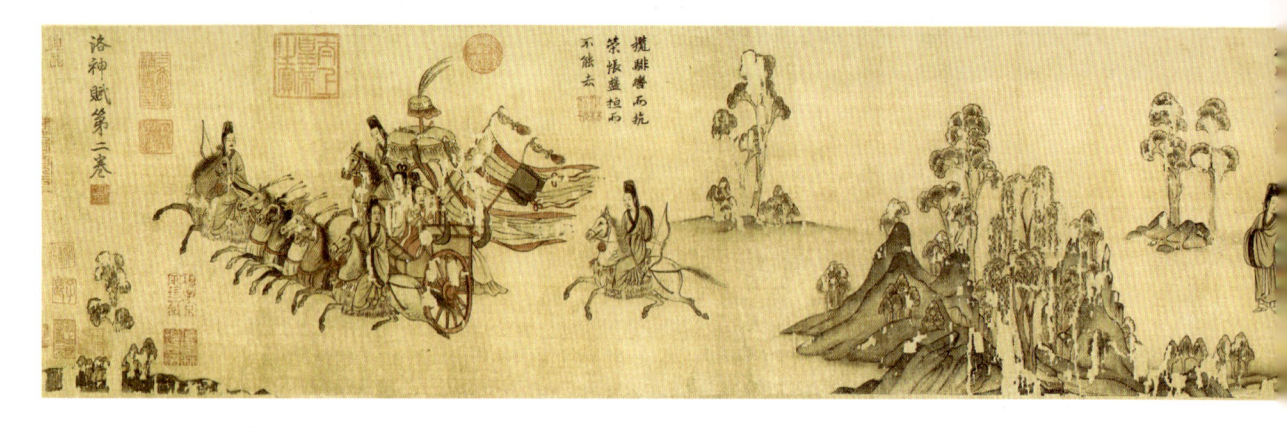

◆ 东晋·顾恺之《洛神赋图》宋摹本（局部）

了极为珍贵的绘画遗产。这些运用高超技巧刻画人物以达到形神兼备的艺术手法，是后人取之不尽、用之不竭的宝贵财富，为《丝路花雨》的妆造设计提供了借鉴和启示。传统绘画艺术中强调线与色相辅相成的关系，创作出许多造型优美、栩栩如生的人物形象，具有很高的艺术价值和历史价值。

在男性角色伊奴思、市令、窦虎的造型上，我借鉴了莫高窟第217窟中迦叶头像的画法，以粗壮遒劲的大轮廓突出角色性格，用暗色做适度的晕染。至于女主角的面部化妆，我尽量展现出"傅粉简淡、彩色柔丽、丰厚为体"的绘画特点。莫高窟第194窟中的彩塑菩萨虽然历经一千多年的时光，但她的肌肤还是那么细腻润泽，仿佛里面有血液在流淌、有脉搏在跳动，令人赞叹。从那些铅质颜料未被氧化的残存壁画中，我

◆ 我为《丝路花雨》的演员化妆

▲ 李明强的人物手绘图

窦虎　　　　市令　　　　节度便

伊奴思　　　神笔张

生辱中妆
一荣在

047

们可以看到，一千多年前绘画者们无一不强调皮肤质感的真实性，以至于让参观的人都有伸手去触摸的冲动。所以《丝路花雨》中人物面部底妆的基调通常呈嫩肉色，底色打得非常薄，定妆用较透明的爽身白粉，这可以使皮肤呈现出鲜嫩的质感。在化妆时，我大胆使用了粉红、桃红、胭脂这三种不同效果的红来勾勒线条，画眼窝、鼻梁、腮红，再用蓝色淡淡地处理一下鼻梁和眼窝的阴影，用"小字脸"的画法，在高明处涂以白色，强调了脸部的凹凸。恰如其分的唇红色彩，为整个面部增添了强烈的装饰性，将面部妆容衬托得分外鲜艳夺目，艳丽而不芜杂。在服装与灯光的配合下，人物面容产生了像瓷人、绢人般透亮的感觉，这增强了形象的立体感和装饰效果，使化妆和舞美等部门的配合更好。久负盛名的化妆艺术家常大年老师看过演出后，一再强调不把英娘画瘦才能表现出她"丰颐厚体"的形象和"曲眉丰颊"的唐风韵味。从那之后，我成了常大师家中的座上客，他常常将自己补身子用的甲鱼汤盛进我的碗里。

　　美不是抽象的，而是具体的，不能脱离那个时代去谈。这一点表现在舞台的人物造型上，就是还要考虑今天人们的欣赏习惯。唐诗中对女子妆容的记载非常丰富具体，如在额头上施额黄，在脸上抹红粉及贴各色各样的花钿（有如意形、桃花形、小鸳鸯形等），在嘴上涂唇脂，以及在嘴角两旁画妆靥。眉黛也有多种画法，有的以青黛画蛾眉，画得又细又长，有的画鸳鸯眉、远山眉、却月眉等。如果给舞剧中的一位女演员画一双浓眉，观众看了会不习惯，会说她长了张飞的眉毛。于是我只选择了又细又长的眉形来画。在彩排第一场买珠宝的戏时，我根据盛唐供养人图像给贵妇人贴了满脸的花钿，同台演员觉得她的脸像花脸，观众觉得她的脸像是布满了麻点，这无疑破坏了舞台形象。因此，我们在设计妆容时要有所取舍，以简驭繁，力求达到历史真实、生活真实、艺术真实三者的辩证统一。

　　舞剧化妆不但要给观众以美的享受，更重要的是创造出有时代特色的人物，通过人物的命运揭示剧本的主题。随着年龄、身份及所处环境的变化，从序幕到尾声的几场戏中，英娘的造型也要有所变化。序幕里的小英娘头梳双环髻，充满了童真。第一场中的英娘已经是百戏班里的歌舞伎了，尽管卖艺时服饰华丽，但仍需展现她出淤泥而不染的本色。原本我为英娘设计了七种不同的头饰，但由于场与场之间时间紧张，来不及抢妆，且观众通常不会过分关注发型的变化，因此，我最终为英娘设计了前五场都可以通用的发型，并通过细微调整来体现每场的变化。第一场换至第二场时，我将英娘头饰中的珠凤和右边的粉红花摘去，露出"秀发可餐"的环髻，以此展现她回到父亲身边后的娇媚与朴素，进一步揭示她的思想品质。第三场，英娘按波斯风俗披上纱巾，但头上仍保持着唐代的发型。尽管此时她已被波斯商贾伊奴思收为义女，但我并未为她设计胡妆，这样她可以在一群波斯少女中突显出唐代少女的绰约风姿。第四场，我在英娘及伎乐天的造型上想要尽力展现敦煌壁画的瑰丽与辉煌。第五场英娘有两次上场，但规定情境截然不同。第一次是回到阔别几年的祖国，英娘的独舞表现了她手捧故土时的激动心情。此时的妆容基本上是第二场被迫离去时的再现，旨在表现英娘的纯真、质朴、善良以及对祖国的热爱与思念。然而，在强盗洗劫商队后，英娘再度登场时，她的环髻蓬松，散下一绺头发，这个形象引出了她在幕后与强盗搏斗的情节，增添了悲壮的戏剧气氛。神笔张为了维护丝绸之路的畅通献出了生命，英娘因此极度悲愤。演员此时散乱的头发与真情投入的表演相互映衬，营造出强烈的悲剧气氛，强调了戏剧冲突的发展，并为第六场英娘报仇埋下了伏笔。第六场是花团锦簇的二十七国交易会，妆容设计需做到层次井然，变化中不失和谐。我调动一切方法来突出英娘献艺的场景。这一场中，英娘的发型、头饰考究，袒露的胸、臂经过精心处理，钏铃随舞蹈节奏此起彼伏，力求展现出人物"态浓意远淑且真，肌理细腻骨肉匀"的姿态。英娘的黑面纱设计得很巧妙：一是不让市令、窦虎认

一生荣辱在妆中

049

▲《观无量寿经变相画》中的舞蹈"反弹琵琶"，出自莫高窟第 112 窟

《丝路花雨》第四场"反弹琵琶伎乐天"的场景,英娘的扮演者为傅春英

一生荣辱在妆中

051

● 我手绘的英娘
　形象设计图

出她；二是她与波斯人一起献艺时，这层纱不仅
能表现她化装献艺的外在特征，而且刻画了她的
内在性格，给人以强烈的真实感。二十七国交易
会上的众多舞者如绿叶簇拥着盛唐之花——英娘，
展示了生命的活力和美的魅力。在这些方面，我国
的传统戏曲化妆艺术为我们提供了很多烘托戏剧气氛的
手法，值得我们深入学习和采用。

　　舞剧区别于其他剧种的显著特点，是演员只能通过舞蹈语
言来刻画人物，抒发情感，在表演中静止的时间较少，动作的幅度较大。
在制作头饰和发型时，我需要充分考虑"美、轻、牢、快"四个字。

● 我手绘的英娘形象设计图

生辱中
一荣在妆

053

"美"字不必多说。"轻"是指发型或头饰过重会给演员的表演带来负担，因此在制作时要选择轻巧耐用的材料。如节度使夫人的高髻是用铁窗纱撑起牦牛尾制作而成的，戴在头上很轻，然后用两绺牦牛尾搭成两鬓抱面的效果。这样演员自己的真发与假发相结合，基本上能达到真假难辨、真实生动的艺术效果。男演员在扮演唐代男子时，通常不用头套，而是利用自己的头发，在头上戴上一个线织的网子，在网子上固定一个发髻，然后缠上幞头，垂下飘带，使观众在视觉上产生错觉，误以为发髻是用头发向头顶梳起来的。在第六场中，节度使的发型就是这样处理的，髻上还可以插戴博鬓冠，既省去了勾头套的麻烦，又突出了"轻"的特点。

有一次，英娘头上的凤饰在她旋转时掉落，演出结束后我直奔北京人民艺术剧院，找到化妆师李俊卿和曹玉兰，向他们请教。李俊卿老师格外热情，当场在曹玉兰头上梳了一个高髻给我看。太妙了！那镶珠缀玉的头饰固定在一条

▲ 1979年《丝路花雨》进北京为中国文学艺术工作者第四次代表大会演出，我给女主角英娘化妆

设计、制作以及跟演出化妆，并不是化妆师工作的全部。这部分工作只是帮演员做到了形似，更重要的是协助演员达到"形神兼备"，这才是角色塑造的最终目的。

硬的黑布带上，绑扎在发髻的根部，二者巧妙地连接在一起。梳好头后，曹玉兰站起身来，用力晃动头部，但头饰怎么甩也甩不掉！我学到了这一手绝活，高高兴兴地回到了驻地，心想："我跟一个老师学一招，跟一百个老师就能学一百招！"要知道，在台上，首饰如果插得不结实，掉落任何一件小东西都会分散观众的注意力，影响戏剧的进行。因此，在演出时我们必须处处当心，想方设法地梳牢插紧，避免饰品掉落，力求一个"牢"字。在《丝路花雨》第一场中的杂耍部分，杂耍演员动作幅度很大，因此我们特地用卡子将他头上的网别得非常结实，即使他头顶地面翻筋斗，发网也没有脱落的危险。

《丝路花雨》舞剧中，上台演员多达70多人，有的演员甚至需要抢妆五六次之多。在制作发型时，我们必须考虑用最简便的办法更换发型，确保演员能快速戴上或更换发型，达到一个"快"字。如序幕中扮演六臂神的演员，第一场戏结束后要马上换装变身为波斯少女表演"珠宝舞"，之后还要表演其他的舞蹈。我们的做法是：最开始用演员自己的头发在头顶上梳起一个髻，然后插上三环髻，戴上宝冠，使之成为"六臂神"；第一次换装时，取下三环髻然后披上纱巾，戴上波斯华冠，华冠上的白孔雀羽毛正好挡住纱巾下面凸起的发髻，然后勾上两根辫子；第二次换装时去掉辫子，戴上缝有黑色松紧带、下垂油条发卷的辫帘子，使波斯少女的造型又有了新变化；第三次换装时去掉波斯风格的装饰品，斜着戴上插有步摇、翠翘的高髻，使之变成跳《霓裳羽衣舞》的舞姬。这套操作基本上解决了在唐舞、胡舞、仙舞、俗舞转换之间存在的抢妆问题。

在制作过程中我们本着节约每一分钱的原则，尽量找边角料来代替贵重材料，力求在舞台上达到以假乱真的效果。手镯、项圈用旧胶皮电线缠上一层电化铝废料制成；白孔雀羽毛用鸡毛、缎子、铁丝、乳胶贴合而成；头花用服装的下脚料做成，做出的花比买的绢花经久耐用且价格低廉；仕女头上看起来绚丽多彩、珠光宝气的首饰多用铁丝、亮片、电化铝、"金皮"、纽扣制成，经得住多场演出的考验。那时，我家门口长长的晒衣绳上总是挂满了五颜六色的绢条、布条。经常有邻居看见我和妻子、女儿蹲在屋门口翻弄着一堆堆废铜烂铁，他们还惊奇地看到我家里喂的来航鸡尾羽都被拔得光光的，成了"秃尾巴鹌鹑"。

这样的经历为女儿的童年画上了鲜亮的一笔，而女儿也曾给我的造型设计提供了宝贵的创意。记得当时我为选择英娘的头饰而苦思多日，不知如何选择才能吻合她那淳朴、刚强的个性，使她的外形与内在性格更协调。"爸爸，你看我像小英娘吗？"一声又甜又脆的童声，突然打断了我的沉思。我看见宝贝女儿头上插着马蔺。这种花在鸣沙山麓、月牙泉边俯首可见。细长的叶子、雪青色的花瓣，显出一种质朴的美。我一下子把女儿搂在怀里，用手抚摸着小小花蕾："像，像，真像！爸爸寻找的就是它呀！我的好小羿，我的'小英娘'！"说着，我就为女儿梳好了一束别致的发髻，淡淡的马蔺在女儿浓黑软软的头发上显得格外素雅。舞剧《丝路花雨》中英娘经过别离之苦，在洞窟里与父亲神笔张团聚时，正是用此花作装饰。

设计、制作以及跟演出化妆，并不是化妆师工作的全部。这部分工作只是帮演员做到了形似，更重要的是协助演员达到"形神兼备"，这才是角色塑造的最终目的。比如，我们给英娘画了一双大而漂亮的眼睛，但如果妆容不适合演员，可能还会适得其反，搞得演员眼大无神。有时演员在表现巨大的欢乐或悲伤时，分寸掌握得不好，也会破坏舞台形象。做强人窦虎的造型时，应该考虑到他既是百戏班头，又是强人。处理这一双重身份的人物造型时不应简单地脸谱化，也不能从外在去丑化他，相反，我在妆容上按正常人物的形象塑造他，但让他的肤色发青，脸色不正。我在他右眼斜下方设计了一道刀疤，脸破了相，能侧面反映他过去的生活经历。在剧中英娘被迫卖艺后，他逼她去收钱，他阴冷地一笑，由于刀疤的牵扯，整个脸

●《丝路花雨》第六场中"英娘盘上舞"的场景,英娘扮演者为贺燕云

一生荣辱在妆中

▲《丝路花雨》第三场"波斯传艺"的场景，英娘在一群波斯少女中更显唐风

都扭曲起来，让英娘感到阴森恐怖。只有化妆师对角色的理解同导演达成一致，演员借助妆造更好地去挖掘角色的内心世界，真正达到形似与神似的有机结合，才能塑造出栩栩如生的人物。

　　除了化妆，好的灯光师在用光上也是非常讲究的。《丝路花雨》第一场中基本是暖调的光，这种光营造的英娘像"绢人"，我称此时的她是"艺女"；第二场中，她和父亲在洞窟里作画，她的服装是淡绿色的，灯光用绿追光，脸用白追光，英娘在光下显得翠绿通透，像"翠人"，我称此时的她是"孝女"；第三场中，绿光、紫光打在葡萄架上，背景是绿树环抱着白色的阿拉伯建筑，头披纱巾的英娘身在异国他乡与一群波斯少女翩翩起舞，她此时的身份是伊奴思的义女，我称此时的她是"义女"；第四场中老画工做梦，梦见英娘从壁画上走下来，我称此时的她是"仙女"；第五场中她决心要为惨遭强人窦虎杀害

《丝路花雨》第五场"烽火台"的场景

的爹爹报仇,铲除丝绸之路上的隐患,我称此时的她是"烈女";第六场中英娘表演"盘上舞",全场灯光压低,几束红光、粉光追在英娘身上,只有一束白光追在英娘的脸上,像电影的特写镜头一样,突出了英娘的面部表情,我称此时的她是"侠女"。这样,在六场表演中,通过采用重点不同的造型及处理方法,英娘被塑造出了六种人物形象,即艺女、孝女、义女、仙女、烈女、侠女。这么做的目的是将英娘打造成情感丰富、多层面、立体化的女主角形象。

《丝路花雨》的服装艺术

❄ 设计《丝路花雨》舞剧的服装，也是一个难度较大的课题。

唐代是我国封建社会的鼎盛时期，经济繁荣，文化昌盛。那么，唐王朝各阶层的服饰特征究竟是怎样的呢？服装设计师郝汉义查阅了大量文献资料，如《文献通考》等著作。这些著作中虽有关于服饰的长篇记载，但往往有文无图，内容又着重于官品服色、典章制度，难以想象出那些服饰具体的样式。古人遗留下来的绘画作品，也只能展现服饰的"皮毛"，而不能使我们掌握全貌。既然《丝路花雨》源于敦煌壁画，描绘的是盛唐轶事，那么也就必然要从敦煌壁画中去探求了。

敦煌的莫高窟相传建于东晋太和元年（公元366年），是世界著名的文化宝库、中国古代美术史的画廊。它现存有壁画及雕塑作品的共492窟，计有壁画4.5万多平方米，彩塑像3000余身。特别是唐代的洞窟，壁画绚丽多彩，彩塑栩栩如生。壁画中描绘的宗教人物有沉静庄严的佛、雅致美丽的菩萨、英俊威武的力士和善良虔诚的弟子。同时，壁画描绘的供养人像有尊贵显赫的天子、皇后、贵族、官吏，也有普通平凡的百姓、艺人。人物中有汉族，也有其他少数民族，还有来自西域各国的人等。莫高窟壁画中历代人物的服饰丰富多样，美不胜收，是一部十分珍贵的古代服饰演变史料。

壁画中反映的内容虽然大多数是佛经故事，但人物形象和服饰有些是直接取材于现实生活的，有些则是在现实生活的基础上进行了夸张的艺术化处理。供养人像为数众多，散见于各窟内，如第156窟的《张议潮统军出行图》，人物纷纭，各具姿态，车骑随从，旗仗卤簿，伎乐百戏，无不具备。这些供养人中，有的还是有名有姓的真实人物，题记上标明着他们在社会、家庭中的地位。总之，壁画中的唐代服饰有百种样式，繁花似锦，并被广为流传。

过去曾有人说，汉族服饰不如少数民族服饰美，没有特色。然而，敦煌的珍贵文物证明，这种看法是片面的。敦煌文物研究所的专家们指出，我国古代的服饰艺术是世界服饰艺术之林中的宝贵遗产，把壁画中的服饰照原样复制出来，能与任何民族的服饰相媲美。在专家们的指导下，服装设计师郝汉义从壁画中精心临摹了一千多张服饰资料图，从而为塑造《丝路花雨》的服饰奠定了坚实的基础。

《丝路花雨》舞剧，从序幕到尾声共八个场景，各种服饰共计二百多套、三千多件，再现了盛唐时期服饰艺术之美。每一场的服饰既要考虑到特定场景与人物身份的变化，又要确保色调和谐统一、层次分明；既要有不同的特征，又要有助于突出主人公的形象。这就不能生搬硬套壁画中的素材，而必须根据剧本内容和人物的需要，进行严肃认真地且大胆的取舍。因此我们要做的是吸取唐代服饰的精华，经过反复推敲和加工提炼，使剧中人物所穿的服饰既有历史特征，又能体现其年龄、身份、性格等特点。

该剧第三场的场景是设定在波斯国，主要舞蹈有"刺绣舞""马铃舞"和英娘的独舞等，出场人物男女老少共计六十多人。在这个场景里，既要体现出波斯人民服饰的特色，又要突出英娘的形象，表现出她对祖国、亲人的思念，以及与波斯人民的友谊。英娘在不同的场合有不同的身份。在第三场中，她是以养女身份出现的，所以设计师为她设计了一身结合中国与波斯风格的服饰。她头梳唐式高髻，戴波斯纱巾，脚穿唐式云头鞋，这身装扮既使英娘的形象更加美丽，又满足了舞蹈艺术的需要。从色彩上看，她一身洁白，这个色调在第三场中是独一无二的色调，以便突出英娘的形象。从服饰上讲，她的服装是新颖别致的唐式裙裤，特别是裤型，与当今的喇叭裤相仿。但这种设计不是模仿西方得来的，而是从唐代的石榴裙和缚裤演化而来的新创作。石榴裙是底部着色，并绣有精美图案的花裙。缚裤是用布帛将套裤脚管扎紧，以便骑乘，后演变为服装专名，用来指代戎装。

🔸 敦煌壁画中的乐舞图

  英娘的这套服饰在五百多场演出中给中外观众留下了很深的印象。伊朗的朋友们在观看演出后，登台称赞道："扮演波斯人的演员穿的服饰，比我们在节日时穿的服装还要好看。英娘的服饰太美了，她既像中国姑娘，又像波斯姑娘，她是中国、波斯人民的好姑娘。"香港各报刊也评论说："英娘的服饰造型不但新颖别致，而且突出于众。"可见，英娘的造型设计基本上实现了设计师的初衷。

  再如第六场中的二十七国交易会，主场戏商贾云集，歌舞喧腾，五彩缤纷，富丽堂皇。英娘化装献艺，想报杀父之仇，她以丰满多姿、热情奔放的形象出现。于是，我们为她设计了艳丽的服饰：她头梳高髻，上穿玫红紧身缕金玉衣，下穿玫红色裙裤，腰束荷花式短裙，足蹬金色尖头鞋。这身装扮让她在俏丽中透出复仇之心，艳丽中带有聪颖和机警之性。香港几位著名的擅长拍古装电影的导演称赞，英娘的这身装束真可谓"曹衣出水，吴带当风""红裙妒杀石榴花"了。

  为舞剧增添了神话色彩的天宫人物，也是《丝路花雨》剧中闪光的宝石。设计好他们的服饰，对于再现敦煌艺术的精华，增强舞剧的抒情和浪漫色彩极为重要。《丝路花雨》剧中取材于敦煌壁画中的形象有飞天、伎乐天、莲花童

▲ 郝汉义绘制的服装设计图

子、伽陵鸟乐伎等，这些形象在敦煌壁画中随处可见。

　　古代艺术家们塑造的这些人物形象千姿百态，优美生动，观之令人惊叹。要将这些优美的形象再现于舞剧《丝路花雨》中，使之成为完美的艺术形象，而不是壁画的简单复制，这就需要使这些形象比壁画中的更美，而且还要使之适应舞蹈表演的需要。所以，舞剧《丝路花雨》的凭栏天女头梳高髻，上穿白色缕金紧身绣花衫，下穿湖蓝色裤，外着白色绣花纱裙，胸前飘着蓝色结缨带，淡蓝色披肩绕肩曳地，不仅外形美，而且动感强烈。而伎乐天上穿肉色尼龙紧身衫，在桃形圆领、双肩及腕袖上饰以金色图案，下穿粉绿色小裙裤，腰间束以米色小圆裙，飘着结缨带，赤脚而舞，更显出其健美的体形和欢悦的神情。莲花童子的造型在其原来赤身裸体、胸前束红肚兜、手脚戴金铃的基础上，让演员穿了一身紧身肉色尼龙衣裤，胸前束上精美的小红肚兜，在腰上又增设了一件红色荷花裙。这样不仅美化了原有造型，符合中华民族的审美习惯，而且解决了由十七八岁女演员扮演莲花童子时的造型困难。

　　在《丝路花雨》这一富有浪漫主义且历史性较强的大型舞剧中，如何用服饰美化人物，同时又表现出强烈的时代特征和民族特色，一直是让服装设计师颇费思量的地方。《丝路花雨》既有真实的故事情节，又有大量的幻想在渲染，

一生荣辱在妆中

063

◉《丝路花雨》第六场"二十七国交易会"中16人的《霓裳羽衣舞》

人物既有曾经活跃在丝绸之路上的活生生的善良人民，又有敦煌艺术中塑造的美丽天女。真实和幻想交融，天上与人间共存，这就要求在服饰设计上要美得真实、自然、新鲜、出奇。它不能脱离真实的历史，又要比历史中的更美；它既要发挥艺术上的浪漫手法，但又要符合历史的面貌。所以，在一些舞姿不多、动作不大的人物身上，设计师尽量忠实于唐代服饰的原貌。如节度使夫人的服饰可谓唐代服饰的代表，她头戴凤冠，鬓插玉珠步摇，身着宽袖短衫，外罩绣花曳地的长条花裙，裙腰与胸部平齐，这是盛唐女装的一大特点。再如，设计师依据唐章怀太子墓壁画，设计了节度使的常服和礼服，还有别具一格的唐代士兵服装等，这些服装都是唐代男装的真实展示。这些人物的服装衬托出剧中人物所处的历史环境，起到了烘云托月的作用。总之，在整个服饰设计中，设计师既不拘泥于壁画原型，又要符合历史的真实，还要使形象更加完美。郝汉义的服装设计是《丝路花雨》舞美的一大亮点。英娘非常有特色的唐代裙裤既有很高的审美价值，又能适应舞蹈特点，更是众多亮点中尤为璀璨的美钻。

剧作信息

舞剧：《丝路花雨》（1979 年创作）
编导：刘少雄、张强、朱江、许琪、晏建中
执笔：赵之洵
主演：贺燕云、张丽、傅春英、李为民等

获奖状况
1979 年，在庆祝中华人民共和国成立 30 周年献礼演出中获"创作一等奖"和"表演一等奖"
1994 年，被确认为"中华民族 20 世纪舞蹈经典作品"
2004 年，被上海大世界吉尼斯总部评为"中国舞剧之最"

评价
"老版真是经典，英娘舞姿轻盈，窦虎舞蹈刚健，演员们将柔与刚、力与美完美展现。仙乐飘飘，曼妙空灵。舞美、布景、色彩搭配、服装、道具、化妆，都最大限度地还原了莫高窟壁画。"

——哔哩哔哩网友 @ 灵珊 2021

参考资料

古波斯画册
《石窟艺术的创造者》潘絜兹
《全唐诗》
《小儿诗》唐·路德延
《观杭州柘枝》唐·张祜
《中国古代服饰研究》沈从文

人物注释

许琪（1942—　　）

河北省安国市人，曾任甘肃敦煌艺术剧院院长，著名舞蹈家，国家一级编导，国务院特殊津贴享受者，舞剧《丝路花雨》编导之一，大型乐舞《敦煌古乐》总编导。2012 年被聘为兰州大学艺术学院兼职教授。

傅春英（1956—1994）

辽宁省盖州市人。曾任北京电影学院表演系形体舞蹈教师。1970 年 6 月参加甘肃省歌兵团，为舞蹈演员，曾主演舞剧《小刀会》《沂蒙颂》，1979 年开始主演歌舞剧《丝路花雨》，赴多个国家和地区演出。获甘肃省青年舞蹈优秀表演奖一等奖并被授予"全国三八红旗手"和"甘肃省三八红旗手"称号。

贺燕云（1956—　　）

祖籍上海市。中国著名敦煌舞表演艺术家，舞剧《丝路花雨》首席女主角，国家一级演员，北京舞蹈学院教授，中国敦煌吐鲁番学会舞蹈委员会主任，中国舞蹈家协会会员。

史敏（1964—　　）

艺术家、教授，现任北京舞蹈学院古典舞系教师，国家一级演员，舞剧《丝路花雨》英娘的扮演者之一。获得过"2016 年全球华人最具影响力人物——艺术贡献奖"等多项大奖。

一生荣辱在妆中

065

无冕之王
《武则天》

造型的心理依据

✦ 武则天是中国历史上唯一的女皇帝，对于这样一位集女皇和普通女性的双重身份于一体的复杂人物，把握她的历史评价和艺术形象都十分困难。武则天既有男人的胸怀，又有女人的魅力；既有国色天姿，又可治国安邦。面对这样一位极富传奇性的风云人物，我在设计人物的造型时以她一生的多舛命运为出发点，依年龄、按事件、分层次深入而细致地梳理她的一生，重点刻画命运的转折点。雷家骥先生的《狐媚偏能惑主——武则天的精神与心理分析》一书，是第一本用心理分析的方法来全面研究武则天的作品，它启发我用精神分析与心理分析的方法，由表及里、由浅入深地挖掘角色的

🔥 十四岁的武媚娘（刘晓庆饰）被封为武才人

内心世界，探求武则天这一人物造型设计的心理依据。该书对我塑造好这一角色助益极大。

电视剧《武则天》讲述了武则天的一生，故事情节波澜起伏，人物命运曲折跌宕。武则天的人物造型分为以下几个阶段。

武才人：脱离家庭，入宫寻求新路。

侍女：被贬为御前侍女。

尼姑：因太宗驾崩被迫出家。

才人：因与高宗李治有私情又被召回宫中。

昭仪：忍辱负重，为高宗生子，不择手段剪除异己并深受高宗宠爱。

皇后：结交外臣，取代王皇后，重用酷吏，强化统治。

太后：兼涉文史，参与政事。

皇太后：临朝称制，母仪天下，进而神化自己的形象，为称帝做准备。

称帝：载初元年（690年），自称"圣神皇帝"，改国号为"周"，到神龙元年（705年）被迫退位。

对于这样一位政治舞台上的风云人物，要制作出她从十四岁到七八十岁的造型，其难度可想而知。

本剧的剧本提供了一个很好的创作基础。与电视剧《唐明皇》不同，《武则天》侧重人物

🔸 武媚娘（刘晓庆饰）在感业寺出家，削发为尼

的命运、感情、心理历程，着重刻画人物关系的盘根错节和人物的内心冲突。最终我采用唯美主义与现实主义相结合的创作方法，参考中国水墨工笔画，为《武则天》设计造型。值得说明的是，唯美主义是有限制的，电视剧的文化背景、历史责任与教育功能，要求人物造型的细节要平衡唯美与真实。

有记者问导演陈家林，台湾版电视剧《一代女皇》与他执导的这部戏有何不同，陈家林脱口而出："第一，片种不同，《一代女皇》属于娱乐型，而我们的是艺术片；第二，我们的与他们的从根儿上就不一样，他们比较重视收视率、卖点、欣赏性，而我们比较偏重文化底蕴，注重观赏性与艺术性的统一；第三，我们都遵循着各自的发展演变过程。至于说哪个更好，这就好比吃东西，有人喜欢卤煮火烧，有人喜欢沙拉一样。但我有自信，在文化品位上，我们的《武则天》拍摄严谨，在制作和包装上丝毫不比他们的逊色。而且，我们的《武则天》兼具了历史性与艺术性，又因为故事情节的曲折多变和人物形象的刻

▲ 武媚娘（刘晓庆饰）

▲ 武昭仪（刘晓庆饰）

武皇后（刘晓庆饰）

一生荣辱在妆中

069

画，会有较强的观赏性，应该会很耐看。"

武史料中鲜有对入宫前的武则天的描述。我以武则天驯服狮子骢这个故事作为探索她性格的突破点。《资治通鉴·卷第二百六》有这样一段记载：

> 太宗有马名师子骢，肥逸无能调驭者。朕为宫女侍侧，言于太宗曰："妾能制之，然须三物，一铁鞭，二铁挝，三匕首。铁鞭击之不服，则以挝挝其首，又不服，则以匕首断其喉。"

此段话显示出武则天是一个勇于表现自我的人，她有一般嫔妃所没有的胆色与能力，她性情刚烈，会敌视甚至攻击不顺从她的人。武则天在青年时期，就展现出领导者的特质和处事果决的性格。

唐·阎立本《步辇图》（局部）

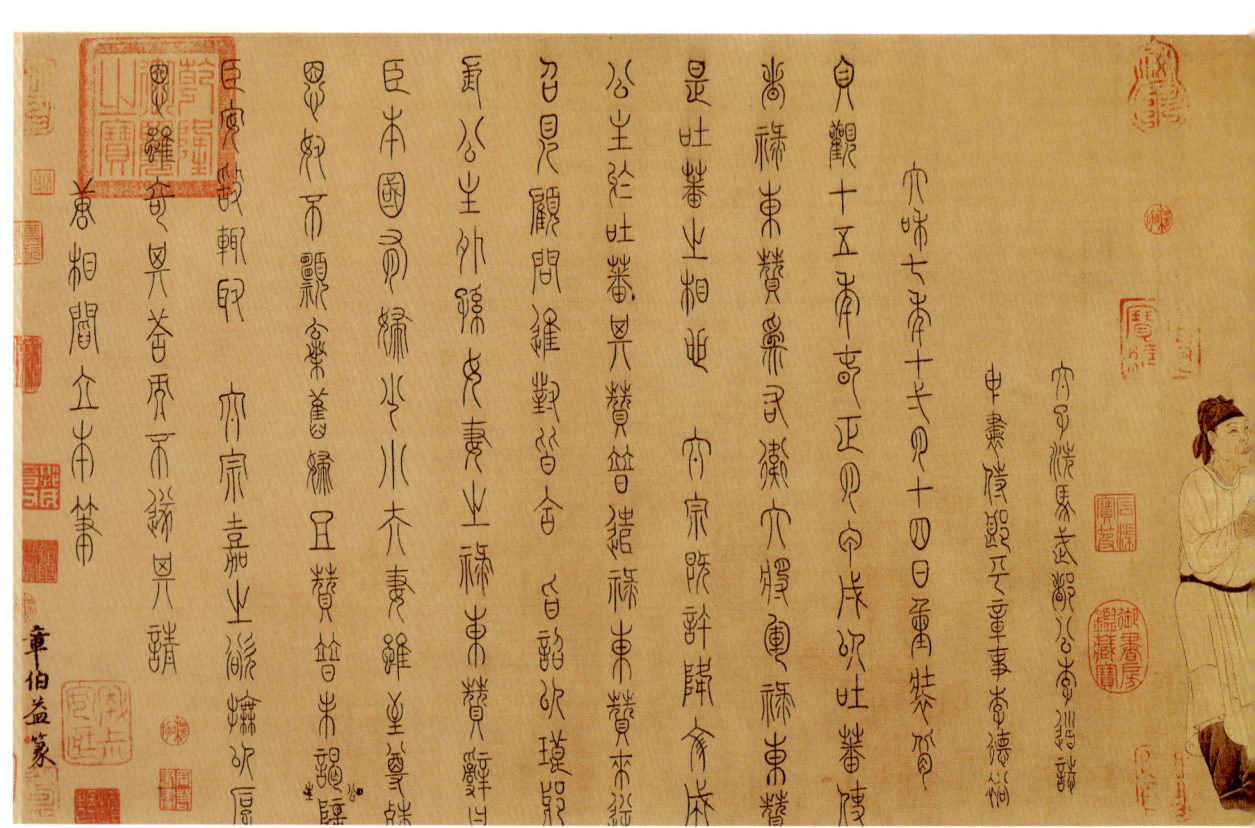

● 著名表演艺术家鲍国安饰演的李世民

一生荣辱在妆中

071

关于武则天的出身，据《新唐书·宰相世系表》记载，她的直系七祖都有任官记录，符合魏晋以来三代五品以上视为士族的标准，武氏为唐朝新门，而武则天的娘家杨氏为一盛族。所以武则天的出身并不是骆宾王《为徐敬业讨武曌檄》中所说的"地实寒微"。以上两点对做武则天的妆造有很大的参考价值。

武则天入宫为才人，后被贬为御前侍女。侍候病危的太宗时，她借机与太子李治偷情。此阶段她的妆造较为淡雅，更多地表现少女的天生丽质与清纯。发式造型以永泰公主、章怀太子、懿德太子墓室的壁画为创作素材，为她设计了"双鬟可高下"的双环髻及小的惊鹄髻。这阶段的造型抓住少女的基本特点，避免变化过多，从而为以后的造型做好铺垫。

因为剧组的女演员太多，为男演员化妆的任务分给了我请来的化妆师完成。后来，导演陈家林找到我，说："大杨，李世民的妆不够立体，你是不是亲自动手化一下？"当时鲍国安老师刚演完《三国演义》里的曹操，给观众留下了很深的印象，因此李世民的妆必须有突破。史料中称，李世民有鲜卑血统。我又看了阎立本的《步辇图》，坐在步辇上的李世民胡子非常有特点，髭胡仿佛弯弓，显得人庄严威武，表现出一代明君文治武功的气派。我看陈家林导演提眉立眼，英武潇洒，于是说："您演唐太宗合适！"陈导笑着说："我只能当导演！"于是我就照着陈导的脸形和《步辇图》中李世民的弯弓胡子给鲍国安老师设计了他的角色妆容，将眼角拉起，又钩织了眉毛的后半截，粘贴到他原本的眉毛之上，使其眉锋上扬。陈导看后相当满意，夸奖我说："这个妆，既有立体感，又能显示出人物性格！"

四十多岁的刘晓庆变成十四岁的少女

三十集电视剧《武则天》播出后，有人粗算了一下，说我给刘晓庆从十四岁到八十二岁的各个阶段设计三十八个发式造型。另外我还负责了唐太宗、唐高宗、王皇后、萧淑妃、上官婉儿、文武百官、王公大臣等近百个人物的发式。在设计发式时，我一是要追求高层次的艺术精品，二是与各部门保持密切沟通与配合，三是区别于以前拍过的唐代的戏。

我的经常强调发式造型在整体造型中的重要性，发式造型可以表现年龄、种族、身份、心境，不但能表现戏的规定情境，还可以为情节的发展起到推波助澜的作用。所以从舞剧《丝路花雨》到电视剧《红楼梦》《唐明皇》、电影《杨贵妃》，我都特别重视发式造型在整个人物造型中的作用。我精心构思武则天从才人、侍女、皇后、太后到皇帝每个阶段造型的变化，让她头上的每一件饰物都与当时的身份和品级相配，让每一个发型都有历史出处可寻，并充分考虑了现代人的审美标准。

电视剧《武则天》是我第一次与刘晓庆合作，而刘晓庆是演艺界里颇具争议的人物。不少人问过我："刘晓庆好合作吗？"

说实话，一开始刘晓庆并不相信我们的化妆技术，质疑我们能不能把角色年轻时候的妆化得漂亮。剧中刘晓庆要从十四岁演到八十二岁，这样大的年龄跨度，无论在表演上还是造型上，都有相当的难度。刘晓庆很自信却又无不忧虑地说："我有把握演出十四岁少女的心态，可化妆能把四十岁的我变得那么小吗？"以前大陆的化妆师都比较注重写实和强调真实性，而台湾的化妆师比较注重商业价值和唯美的感觉，化出来的形象比较漂亮。刘晓庆拍台湾电视剧《风华绝代》时，对台湾化妆师为她设计的漂

初入皇宫的武媚娘（刘晓庆饰）

唐风流韵

亮形象印象非常深刻。所以一开始，刘晓庆也想请台湾化妆师。在导演的劝说下，才勉强同意让我来化妆。结果，一部《武则天》下来，刘晓庆对大陆的化妆师刮目相看。后来她对许多台湾化妆师说："我们剧组的化妆师你们没法比，大杨要比你们高明一百倍！"

在电视剧的开头，十四岁的武媚娘入宫，这段戏分量不轻，刘晓庆又特别重视第一次出场的形象。当时她做了老板，又已经四十多岁了，观众很想看看息影五年的刘晓庆现在还能不能演戏。因此这个造型是以后角色造型成败的基础，事关重大，定妆当天还是拍摄的第一天，我们哪里敢掉以轻心？

十四岁的女孩清纯，还有一点儿稚气未脱，被召幸时要精心打扮但又不能过分，否则会显得成熟，这个分寸很难拿捏，一不小心就会弄巧成拙。虽然在文字记载和绘画中并没有发现唐代盛行刘海，但刘海处理得好可以改变脸型，也可以降低年龄感。我们是在拍电视剧，而不是在考古，参考历史资料是丰富造型的手段而不是结果，不能本末倒置。敦煌莫高窟第17窟"藏经洞"壁画中有梳双环髻的少女，《捣练图》《虢国夫人游春图》和永泰公主墓室的壁画中也有不少少女的形象，她们大多梳环髻。通过查找大量资料，根据戏里的要求和刘晓庆的具体条件进行筛选，最终我选定了"双鬟可高下"的双环髻。

第一次化妆时，时间一小时、两小时地过去，大家紧张地盯着毛戈平手里的化妆笔。镜子里的刘晓庆一点点地变了，透出一种少女的朦胧美，配上我为她梳的有着浓密刘海、稚气未脱、娇媚玲珑的双环髻，经过三个半小时的化妆，刘晓庆的容貌好像真的回到了十四岁。

拍武媚娘第一次被唐太宗临幸的戏时，现场导演给了好多大特写镜头。大摄特写镜头的标准是画面边缘卡在演员的发际线附近，尽可能让人物的脸部占据整个画面，但按照此标准的话，头上的双环髻就被卡在画面之外了，只剩下一张脸。刘晓庆看了回放后跟摄像师杜信

🔸 唐·张萱《捣练图》宋徽宗摹本

说：“我的大特写镜头，一定要保留双环髻。”杜信说："大特写镜头是有标准的。"刘晓庆用不容商量的口气说："这个发型对我的表演是有好处的，你是听'标准'的，还是听我的？"刘晓庆的坚持是有道理的。在拍摄现场，梳着双环髻的刘晓庆低头俯首跪在地上，怯怯地低声三呼"万岁"，不见应答，慢慢抬起头来，摄像机推近，只见在浓密的刘海下，她抬起一双明亮的大眼睛，俊俏清纯的脸显得妩媚光艳。刘晓庆令人叫绝的表演让大家不由得感叹，首次亮相就如此

🔸《捣练图》和"藏经洞"壁画中梳环髻的少女

▸ 武媚娘（刘晓庆饰）
  环髻造型

一生荣辱在妆中

077

惊艳！精准的造型，演员高超的演技，共同贡献了高品质的画面，使在场的人们赞叹不已。我们的工作有了很好的开端。

刘晓庆非常喜欢这个"双环髻"，认为这个造型非常显小，高兴地把这个妆称作"小龙人"，连说"这个妆很有少女感"。

还有一个秘密让刘晓庆的妆显年轻，化妆术语叫作"拉吊"。我在她的鬓角两侧编了两根细细的小辫子，把它们拉向脑后固定，这样松弛的面部皮肤一下子绷紧了，眼角也吊起来了，皮肤显得光滑且富有弹性。能想象得出，靠一点点头发的拉吊来实现皮肤的绷紧，是非常受罪的。拉吊头发时刘晓庆被拉得直叫："轻点，轻点！"她感慨地说："拍戏真没有当经理舒服。为了武则天的十四岁，'手毒心狠'的大杨你就拉吧！"我说："将来观众还以为你做了整容手术。"刘晓庆机灵地回答："不！是擦了晓庆牌化妆品。"有一天，刘晓庆公司的一位副总经理来化妆间找她，看着坐在化妆台前的刘晓庆问我："刘晓庆在吗？"引得哄堂大笑。

武媚娘（刘晓庆饰）环髻造型

一生
荣辱
在妆
中

"秃头妆""伤寒头"标新立异

在武则天的人生历程中,被送往感业寺出家是一个非常重要的阶段,这个阶段的尼姑妆造的成败是能否塑造好武则天形象的关键。尼姑妆有三个层次:一是塑型的光头;二是戴比丘帽的尼姑;三是外出做工戴斗笠的造型。

尼姑这个阶段不好表现,压抑的环境,灰色的服装,四周都是毫无表情的冰冷面孔。被迫出家的武媚娘,没有头发,没有饰品,没有鲜艳的服装,有的只是常人所没有的天生丽质和与众不同的气质。这时的造型要考虑到,其美貌能否使一个有着三宫六院七十二嫔妃的皇上对她注目。这个妆造之所以要下番功夫,是因为它不能只是一般的美,而是要达到让李治见到她就旧情复燃的程度。这

🔸 削发前的武媚娘(刘晓庆饰)

🔸 "绝色尼姑"的灵感来自敦煌壁画

与《唐明皇》中杨玉环出家的造型不同，当时杨玉环是以女道士的身份出家，可以蓄发，而武媚娘则必须削去作为古代女人基本特征的长发，这对一个爱美的女人来说，是对心灵与肉体的一次巨大摧残。此造型对武则天今后的成长、执政、称帝有着不可低估的作用。如果仅用单一的"比丘帽"来解决落发，会直接影响整体形象的塑造。剧中，在李治登基的号角声中，武媚娘经过拼命挣扎、反抗，终究还是被迫削去头发。一缕缕的头发被无情地扔在地上，一个光头出现在观众面前，镜头摇到武媚娘的脸，在她那深邃的目光中，我们看到了她倔强的性格，这也为戏剧后续发展埋下了伏笔。

　　一部优秀的艺术作品不但要真实，还要有艺术感染力，而光头女人在观众眼里到底有多少魅力？这确实是一个值得探讨的问题，如果处理不当，就使人难以信服。1982年，我随舞剧《丝路花雨》访法演出时，曾看过光头靓女模特的时装表演，浓妆艳抹的她穿着新款时装款款而来，有一种另类的艺术感染力，别具风情。我坚信光头的武媚娘有一种异样的美，完全可以引起李治的注意，勾起他的万般柔情。我决心不论克服多少困难也要塑造出一个"绝色尼姑"。于是我请来了北影的塑形师吕小平来完成光头的塑形。刘晓庆几乎每天都要拍戏，因此在

◉ 武媚娘（刘晓庆饰）的尼姑造型

◉ 戴比丘帽的武媚娘（刘晓庆饰）

一生荣辱在妆中

081

没有试妆的情况下就直接上妆，完成了光头造型的第一次拍摄。"无痕妆"的妆面，圆圆光光的头型，淡淡青灰的头皮，这个异样、绝色、可爱、另类的"秃头妆"，使她看起来就像当时风靡一时的日本动画人物"一休哥"。刘晓庆也非常喜欢这个"一休哥"的造型。这个装首先要用软肥皂将刘晓庆的头发粘贴在头顶，在头不够圆的地方絮上棉花，再戴上胶乳的头套。这个造型最难解决的是头套边缘，包括额、颈、耳鬓、后脖的接边问题。接边不过关会影响造型的质量，分散观众的注意力，破坏演员的表演。整个造型要四个小时才能基本完成，在现场还需要根据不同的光线、拍摄角度进行调整。

在六月中旬的涿州拍，经过十几个小时带妆拍摄，刘晓庆两鬓因对胶水过敏起了水泡，第二天化妆时只好换个部位贴。我看她受罪的样子，真想给她剃个真的光头，但以后的戏怎么拍呢？不管是多大牌的演员，不管是不是影后，如果没有为艺术献身的精神，恐怕难以忍受这种"折磨"。到了拍摄现场，刘晓庆风趣地对我说："你们四个小时的工作结束了，我的工作才刚刚开始。"

在感业寺的戏中，为了不使形象单调、呆板，武媚娘有时戴比丘帽，有时戴斗笠。西安发掘的唐代李爽墓中有多幅描绘侍女的壁画，我从中受到启发，用两色纱巾系了很多花结，完成了一个绝妙的造型。纱巾包裹头发的造型用在武媚娘受皇上宠幸后归来的场景中，特殊的形象丰富了她这一时期的造型。刘晓庆直言："大杨，你把我打扮成埃及艳后了。"

我还在武媚娘戴的斗笠上做了点文章，用服装组裁衣服剩下的下脚料——白与青灰相间的长布条，像惠安女那样把斗笠用布扎起来。这样做一是考虑到武媚娘怕晒黑，怕风吹干了脸；二是让很平常的造型多些变化。在处理造型的时候，要想方设法丰富层次，如果不能改变色彩，就改变形式。这样做也符合人物的性格，要不然怎么叫"媚娘"呢？

一生荣辱在妆中

083

从感业寺回宫后，武媚娘的身份仅是才人，而且待在王皇后身边，品级很低。短时间头发长不了很长，根据进宫的时间，她这时只能是短发。短发的设计也寓意了她从低谷忍辱负重，一步步走向皇后宝座。有现代时尚感的短发和古装往往很难融合在一个造型中，容易显得不伦不类，但戏的规定情境允许我这样做，于是我为她设计了20世纪70年代风靡欧洲的"伤寒头"。我拍戏的设计理念始终如一：一要有考证，二不拘于考证，三要考虑到今天人们的审美。虽然时尚短发与古装混搭，这在正剧里还不多见，但在美业发达的今天，人们是完全可以接受"伤寒头"的。于是我给她钩织了一顶"伤寒头"的短发头套，她戴上以后效果好得出奇。这个头套织得太服帖了，刘晓庆提出戏拍完后能不能把头套送给她。20世纪80年代法国流行的"秃头妆"、70年代风靡欧洲的"伤寒头"，在当时的化妆界引起不小的轰动，这种冲破传统的另类造型大大冲击了人们的视觉及审美习惯。那一绺绺短发

▌"伤寒头"使武媚娘（刘晓庆饰）的造型标新立异

● 短发时期的武媚娘（刘晓庆饰）标新立异

生辱中
一荣在妆

085

使武媚娘更显风姿绰约、楚楚动人，还带着一点儿病态美。天生丽质、胆色超群的武媚娘，在文化呈多元化发展的时代，她的标新立异确实令人耳目一新，使王皇后、肖淑妃在她面前黯然失色。这两个造型对戏剧矛盾、事件冲突的发展起到了推波助澜的效果。

《武则天》全剧的整体造型要考虑到唐代实行的开放政策，特别是唐代前期是一个开放的时代。开放的政策使大唐很快成为举世瞩目的国家和东西文化交流的中心，所以每个人物的造型都要展示出这个时代的特点。

武则天形象塑造得是否准确，如同她死前立无字碑，任后人们去评说自己的历史功过一样，时间会证明一切。

每当记者来剧组采访，刘晓庆总是不无感慨地说："我拍过三十多部影视剧，这个剧组是国内最好的，化妆组（的人）个个实力都很强！"《武则天》播映成功，刘晓庆特别高兴，她说："以前我拍了若干部成功的影视剧，得了若干个奖，每次都是我个人奋斗出来的，可是这次我得感谢大杨和毛戈平。如果这个片子能得奖，我要左手拉着大杨，右手拉着毛戈平去领奖。"刘晓庆履行了自己的诺言，去天津电视台做节目时，我们三人一起登场，她把我们隆重介绍给观众。后来刘晓庆要拍《潘金莲》，又拉上了我和毛戈平。刘晓庆对我说："这次如果你不来，我会恨你一辈子。"刘晓庆又说："和你一起拍戏可以高兴三年：第一年，因为我们拍了一部很成功的片子，做得非常好，我们会很高兴；第二年，片子放了，到处听赞美的话，观众给予很高的评价，我们又会很高兴；第三年，片子得了奖，我们又能高兴一次。"

后来她有事找我时，无论我在天南地北、哪个剧组，她都会尽力通过关系把我挖过来。一接通电话，我就听她在那头大声嚷嚷："大杨你真讨厌，既没手机又没呼机，有事跟你都联系不上，为了找你，我打了跨越半个中国的长途电话，这个月我的电话费由你来付！"

她的工作时间安排得非常紧凑，重节奏、重效率、重质量、重效益。她对每一项工作都既有创作的激情，也有冷静的思考，还会事后总结，吸取经验与教训。她特别会调动合作伙伴的工作热情，让合作伙伴适应她的工作作风。

当你有出色表现时，她会大加肯定，在任何场合都会夸奖你，为有你这么个伙伴感到自豪。她在与其他职能部门合作时也从不被动，在接每一部戏时，都会做大量的案头工作，会主动地对自己所扮演角色的各方面（包括服装、化妆）提出很好的建议。在拍《武则天》时，她亲自按剧情和戏的规定情境搭配服装，提出了很好的建议，而且把每天穿什么都记录在她的表演手记里。她一旦进了组，就会放下所有的事情，认真对待与角色有关的大小事宜，比如对刚一进宫的武才人的大特写镜头的景别，她都会认真调整。她还要争当模范组员，并引以为荣，体现了她"戏比天大"的艺德。

刘晓庆说："我在艺术上一贯是'喜新厌旧'，没有新的作为就没有突破。"

我反问她："那对朋友呢？"

她说："我很珍惜朋友间真挚的友谊。大杨，你拍了那么多的好戏，越来越有名了，将来我老了想拍戏，还请得动你吗？"

好厉害的刘晓庆，反而"倒打一耙"。比她大得多的我说："你老了，那时我得多老啊！"

她愣了一下说："到时你能来指导一下也好嘛！"

🔸 武曌（刘晓庆饰）称帝造型

服饰、灯光、首饰搭配

在《武则天》的造型设计上,服装师李建群也功不可没。武则天的六十多套服装,从出图到成衣,她付出颇多。她埋头在镇江的服装厂,三个月没回家,最终从镇江带回了四百多套主要演员的服装。她感慨地说:"和那些刺绣女工在一起,在服装的制作过程中会产生灵感,女工们一个月工资才一百多元,却能把最好、最珍贵的手艺贡献出来。"

在《武则天》中,服装的色彩更为浓烈,更有层次。在造型上,《唐明皇》中出现的纱制品较多,而在《武则天》里,李建群更追求唐代早期的风格,服装更考究,线条更为流畅,视觉冲击力更强。

李建群告诉我:"我把武则天的一生分解为五个阶段:初入宫,被贬为侍女,再度入宫,封后,称帝。服饰的变化以这五个阶段为依据。在她刚进宫时,我用了很洁净的白色、淡粉色,再后来用了很多红色,寓意着她登上顶峰,以及后宫争斗的残酷。"

李建群对《武则天》一剧的感情,除了通过服装设计表达之外,还可以在戏中释放。因为在剧中,她扮演了一个挺有分量的角色,一个与众不同的女人——徐才人。

好的灯光师能把好的造型完美地展示出来。《武则天》的灯光设计常春龙老师虽然是新闻电影制片厂的灯光师,但是他给影视人物打起光来既考究,又准确,能在很短的时间内把光布好。请看常师傅如何为角色布光:演员头面有高顶光,有专门照在头发上的顶光,演员的背后有轮廓光,演员的脸和身上有反光板的散射光……灯光把演员的皮肤照得柔丽、光洁、水润,年轻无比。

还有优秀的摄像师杜信,他非常会抓演员的角度。他的摄像角度会根据人物的年龄、身份、地位、心情等加以变化调整,镜头语言丰富、生动、准确。

🔸 服装设计师李建群在《武则天》一剧中饰演徐才人

一生荣辱在妆中

089

这些岗位都服务于演员的表演。《武则天》剧组各部门汇聚了全国各路英才，正是他们的密切配合，才成就了《武则天》的辉煌。在荣誉面前人人有份，不能过分强调个人的作用。

唐代妇女，特别是宫廷里的女人，衣着首饰的穿戴必须严格按照规定，不可逾僭。虽然是拍电视剧，但也不能乱了起码的规矩。

武则天第一次出场时是才人，年方十四，她的双环髻用粉嫩的丝绦扎成蝴蝶结形，头上只有红心小花点缀，虽然只有一点点装饰，但是这个造型符合刚进宫只是个小才人的身份。被贬为御前侍女后，人物也逐渐长大，发髻从头的两侧向中间靠拢，左右两侧的丝绦变成了脑后的一根丝绦，这些微小的变化，表现出人物的成长变化。

晋升为昭仪后，有王皇后、萧淑妃这两大劲敌的威胁，她在首饰的等级上不敢僭越半步，以免遭受杀身之祸。因此她的装扮不俗不媚，打扮得体，靠人格和品行来彰显魅力。在皇上召幸后，她头缠纱巾，造型带有异域风情，多变的造型也揭示出武则天性格的多面性。

◆ 武昭仪（刘晓庆饰）

武昭仪（刘晓庆饰）

一生荣辱在妆中

🔸 武皇后（刘晓庆饰）

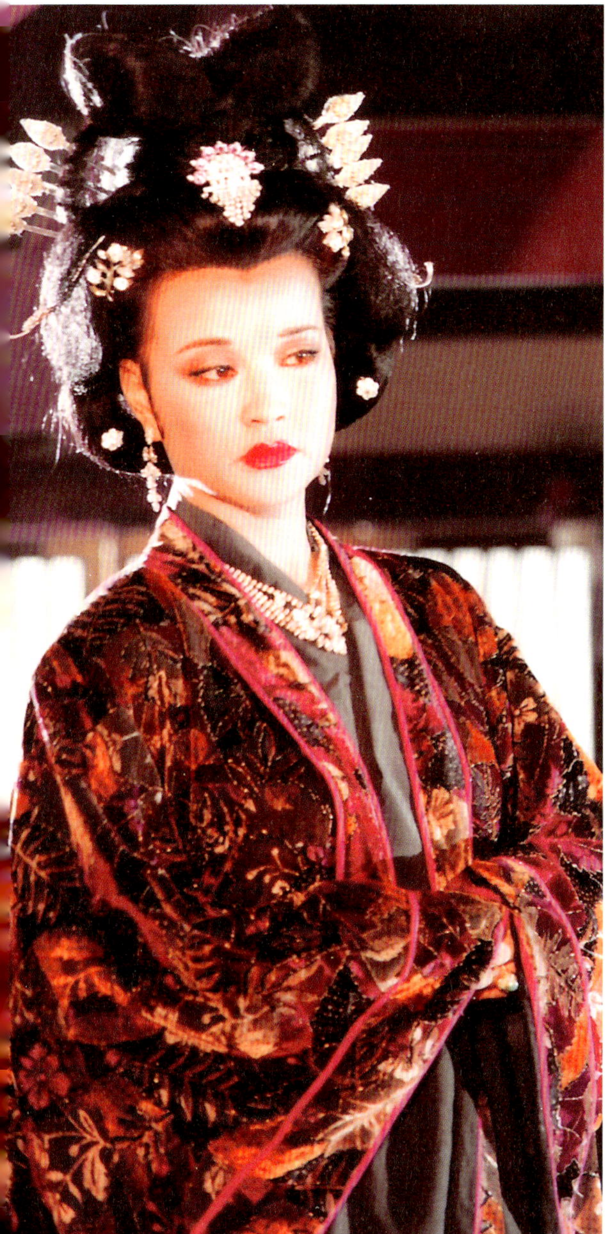

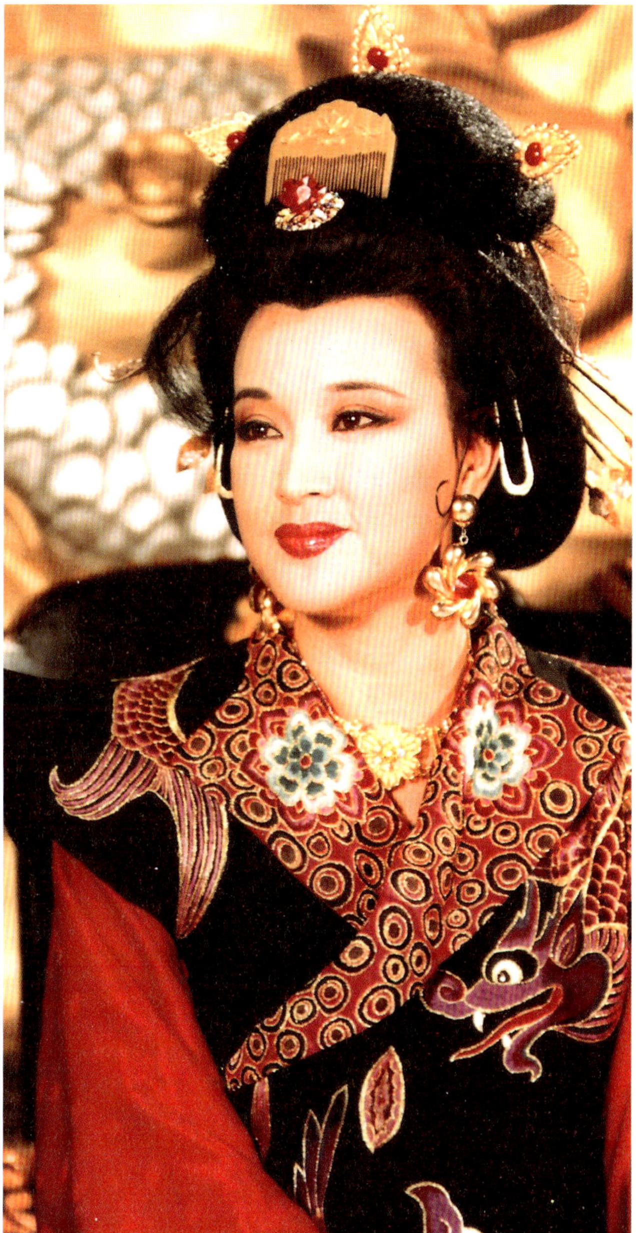

唐风流韵

094

● 配合服装主调，武媚娘（刘晓庆饰）的首饰全部采用点翠工艺

🔸 运用点翠工艺的银色首饰既配合衣服的蓝色，又呼应白玉兰图案

🔸 用银色首饰配合袍子上的白玉兰图案

  皇后是武则天一生中造型最奢华的阶段，华丽的服饰在武则天的身上比比皆是。她扫清了挡在她面前的障碍，后宫中已没有她的对手，后来甚至发展到拉拢党羽，干预朝政。

  在她去上官仪府邸的一场戏中，服装设计师给她穿的是一件绣有白色玉兰和大凤图案的艳蓝色长袍，图案上还绣着淡紫粉的阴影层次，非常雅致。我很喜欢这件服装的色彩，服装设计师可能也有同样的看法，所以之后的几场戏衣服都没有换过。

在那场戏中，虽然我给她梳的是常见的"圆鬟椎髻"，但是首饰搭配十分讲究，且根据戏的需要调整：第一，使用的点翠首饰是我专门定制的，区别于戏曲的点翠"头面"，点翠首饰的蓝与服装的蓝属于同类色，从整体造型来看，配色统一；第二，首饰都是银色的，素雅高贵，衣服上的白色图案和头上的银色首饰相互呼应。虽然是皇后微服私访，但服饰品位高雅，在气势上先声夺人。点翠首饰、银首饰与服装的两种颜色相得益彰。此外，这件衣服还可以与金宝石花钗、花丝金凤搭配，效果也很好。

通过首饰的搭配，我得出的结论是，插戴首饰要参考服装上既有的颜色，一个造型中出现的色彩不要太跳、太乱，也不要太多。如果发型梳理得很好，可以什么首饰都不用，因为发型本身就是很好的装饰。沈从文老师曾教导我："女人最好看的是头发，'秀发可餐'。"确实是这样，好的发型既能表现出角色的高雅，又能表现出化妆师的"梳功"，何乐而不为呢！千万不要弄巧成拙，要插首饰也是星星点点，能衬托发型，点缀层次，起到画龙点睛的作用就可以了。

🔥 武后（刘晓庆饰）的蝉鬓造型

剧作信息

电视剧：《武则天》（1995 年版）
导演：陈家林
编剧：张天民、柯章和、冉平
主演：刘晓庆、陈宝国、李建群、鲍国安等

评价

"这是最经典也是最还原历史的一版，陈家林导演对唐代历史的细节把控得很到位，无论是服饰、民俗还是念白演绎，都一板一眼，让人折服。一代女皇的成名之路也是一个女人的心酸史，假如没有大女主刘晓庆出神入化的动人演绎，这一版《武则天》也不会到今天还如此深入人心。"

——豆瓣网友 @ 瑞波恩

参考资料

《狐媚偏能惑主——武则天的精神与心理分析》雷家骥
《资治通鉴·卷第二百六》北宋·司马光
《新唐书·宰相世系表》北宋·欧阳修等

人物注释

刘晓庆（1952— ）

生于重庆市。国家一级演员、中国电影家协会会员、中国作家协会会员。参演了《小花》《芙蓉镇》等多部电影和《武则天》《宝莲灯》等多部电视剧，同时涉足话剧、舞台剧、公益、文学等诸多领域。荣获第 10 届大众电影百花奖"最佳女演员奖"、第 7 届中国电影金鸡奖"最佳女主角奖"、第 36 届迈阿密电影节华语电影"最佳女主演奖""终生成就奖"等几十项荣誉。

鲍国安（1946— ）

生于天津市。毕业于中央戏剧学院。曾参演《水浒传》《三国演义》《孔雀东南飞》《闯关东》等经典电视剧和《赵氏孤儿》《大闹东海》等电影。荣获第 13 届中国电视金鹰奖"最佳男演员奖"、第 15 届中国电视剧飞天奖"优秀男主角奖"、首届"全国百家德艺双馨工作者"等荣誉。

李建群（1957—2020）

生于湖北武汉。服装设计师、演员，毕业于上海戏剧学院舞美系。在电视剧《唐明皇》《武则天》《康熙王朝》和电影《杨贵妃》中，既担任了服装设计职务，又饰演了人物，塑造出许多经典角色。她参与设计服装的影视剧荣获第 13 届中国电影金鸡奖"最佳服装奖"、第 13 届电视剧飞天奖"优秀美术奖"等奖项。

一生荣辱在妆中

从《唐明皇》到《杨贵妃》

唐代发式中的审美情趣

❋ 陈家林导演执导了众多耳熟能详的历史剧，他首次执导的电视剧《努尔哈赤》就荣获飞天奖连续剧一等奖，之后执导的电视剧《唐明皇》又获得了飞天奖好几个单项奖。从此，陈家林被称为"中国第一历史剧导演"。他的每部剧都是大制作，都立足于中国优秀的传统文化，弘扬着可贵的历史情怀。

1993年，《唐明皇》播出后，在全国范围内取得了巨大的反响和认同。三十多年过去了，很多观众对这部剧仍然记忆犹新，还有网友发表评论："《唐明皇》里的服装设计与妆容设计，今天已经很难看到了，商业化运作的快餐文化给我们带来的是什么，值得我们深思！"

历史题材的电视剧和电影，是用现代人的观点去认识、理解历史和历史人物，并用现代手法拍摄给现代人看的艺术作品。按陈家林导演的话说："这是艺术，而不是写历史教科书，不是搞历史的翻版。"对于化妆师而言，创作这些历史人物形象不仅要有考据，从资料中汲取点滴精华，还要融入自己的理解和创意，再配合现代的审美观念，绘制出设计图，最后才能定稿，成为屏幕形象的蓝本。

《唐明皇》中角色众多，化妆部门的人各有分工，我负责发式造型设计。设计图完成后，为了保证最终的呈现效果，我会亲自挑选演员的头饰，直至现在我都保持着这样的工作习惯。我根据杨玉环的年龄、身份，戏剧的发展、规定情境以及服装的款式，做出相应的设计。开拍后，我还会去现场跟妆，这样做一是能发现问题，二是能倾听导演的意见，三是便于沟通。

中国是文明古国，有灿烂的文化和浩如烟海的史料，令人振奋和自豪。我的设计正是立足于此。

苏东坡说："出新意于法度之中，寄妙理于豪放之外。"同其他门类的艺术一样，发式艺术在盛唐空前的多元文化大融合中，以无所畏惧、无所束缚、无所保留的姿态，彰显了革新之美。唐代发式造型犹如万朵奇葩，竞相争艳，放射出奇光异彩。作为来自文明古国的传统文化的一部分，它令人自豪地屹立于世界发式艺术之林，让现代人折服。

隋唐的发式不下百种，见之于史料记载的名称有反绾髻、乐游髻、奉仙髻、倭堕髻、百花髻、朝云近香髻、灵蛇髻、百合髻、交心髻、愁来髻、归秦髻、迎唐髻、闹扫妆髻、盘桓髻、惊鹄髻、回鹘髻、乌蛮髻、抛家髻、峨髻、宝髻、三角髻、凤髻、螺髻、云髻、双螺髻、半翻髻、单刀髻、双丫髻、双垂环髻、双环望仙髻、九骑仙髻、十二鬟髻等。除了这些拥有诗情画意的名称的发型外，还有些发型出现于现存绘画、壁画及出土唐俑之中，其中有形无名者不计其数。在电视剧《唐明皇》里，我不断地给杨贵妃换发髻，梳出了反绾髻、交心髻、惊鹄髻、宝髻等种种发髻。有人研究过我的梳妆作品，得出的结论是："有设计但看不出设计，角色的发式梳理自然天成。"

发式梳理是一门专业的技术，它体现了古代人的智慧和才情，以及中国人的传统审美心理和别具一格的审美情趣。单是鬓发的修饰，就相当别致、考究。剧中所有的发式，都参考了历代名画、唐代墓

● 电视剧《唐明皇》中戴帷帽、簪花的杨贵妃（林芳兵饰）

唐风流韵

100

头梳乌蛮髻的杨玉环（林芳兵饰）

一生荣辱在妆中

◆ 头梳单刀髻的杨玉环（林芳兵饰）

唐风流韵

102

● 头梳反绾髻的杨玉环（林芳兵饰）

一生荣辱在妆中

103

头梳倭堕髻的杨玉环（林芳兵饰）

一生荣辱在妆中

105

● 杨玉环（林芳兵饰）头梳"望之缥缈如蝉翼"的蝉鬓

唐风流韵

106

一生荣辱在妆中

107

● 头梳两博鬓、簪花的杨玉环（林芳兵饰）

● 头梳圆髻的杨玉环（林芳兵饰）

唐风流韵

108

头梳宝髻的杨玉环（林芳兵饰）

室壁画、敦煌壁画等众多史料。汉代莫琼树发明了"望之缥缈如蝉翼"的蝉鬓，为发式增添了无穷的魅力，这也表明当时的梳妆技艺及水平已达到空前的高度。到了南北朝，蝉鬓又有新的发展，薛道衡的《昭君辞》里就有"蝉鬓改真形"之句。由蝉鬓还派生出翻荷鬓、丛鬓、两博鬓、圆鬓、薄鬓、松鬓、小鬓以及两鬓抱面等样式，形成了浓郁的时代特色与风格。这些各具特色的发式及鬓发，不仅直接影响着我国人民的日常生活，还流传到海外。我一直在寻找机会，想在影视剧中展示蝉鬓的风采。终于，等来了机会。杨玉环有一套我很喜欢的服饰是白色外披配上翠绿色的裙子，我觉得它很适合配上两鬓梳成蝉鬓、上梳歪向一侧的倭堕髻，以及唐代的时世妆。

首饰是发式造型不可缺少的组成部分，它不仅可以固定发髻，更重要的是能起到点缀、装饰发髻的作用，使整个发式造型成为完整的艺术作品。超群绝伦、华丽高贵、精工巧制的唐代首饰具有高度的审美价值，它经常出现在文学作品中，如"云鬟闲坠凤犀簪"的簪子、"枉插金钗十二行"的金钗、"云鬓花颜金步摇"的步摇、"金钿耀水嬉"的金钿、"满头行小梳"的梳篦、"呵花贴鬓黏寒发"的花钿、"翠翘金雀玉搔头"的翠翘、"篦凤金雕翼"的金凤簪等、"花冠不整下堂来"的花冠、"虹裳霞帔步摇冠"的步摇冠、"绀发初簪玉叶冠"的玉叶冠、"钿璎累累佩珊珊"的佩饰等。这些光彩夺目的首饰装点着盛唐妇女的日常生活，同时也是区分贫贱和富贵的显著等级标志。

唐代著名诗人元稹在《恨妆成》里细腻地描绘了一位仕女的梳妆过程："傅粉贵重重，施朱怜冉冉。柔鬟背额垂，丛鬓随钗敛。凝翠晕蛾眉，轻红拂花脸。满头行小梳，当面施圆靥。"从这首诗里，我们可以看出与发式息息相关的面部化妆流程。开元天宝之际，长安、洛阳受到多元文化的冲击，贵族士民竞尚胡服，"新妆巧样"的时世妆层出不穷，仕女妆容风格日趋奢华，极尽艳丽之能事，出现了不少风靡一时的妆容。

○ 头戴花丝大银凤的杨贵妃（林芳兵饰）

生辱妆中
一荣在
111

在电视剧《唐明皇》中，首饰的插戴也有很多讲究。《新唐书·车服志》《新唐书·五行志》中都有关于首饰的详细记载，特别是宫廷命妇一定要按品级、身份插戴首饰，不可逾僭。宫里流行的妆容称为"内家样"，它与民间的妆容相互影响。《唐明皇》中的首饰一部分是在首饰厂、剧装厂定做的，还有一部分是我自己制作的。绝大部分首饰的图样参照了古代首饰文物及唐代出土首饰。

胡粉、胭脂、花钿以及画眉用的"每颗值千金"的螺子黛，都是唐代妇女重要的化妆品。化妆品的名目繁多，不胜枚举，仅口脂的色彩及涂法在《妆台记》里就有石榴娇、大红春、小红春、嫩吴香、半边娇、万金红、圣檀心、露珠儿、内家圆、天官巧、恪儿殷、淡红心、猩猩晕、小朱龙、格双唐、眉花奴共十六种之多。眉的化法更是奇特别致，耐人寻味。唐代妇女对于眉毛的修饰达到前所未有的水平。明代杨慎在《丹铅续录》中记载，唐明皇曾命画工作《十眉图》："一曰鸳鸯眉，又名八字眉；二曰小山眉，又名远山眉；三曰五岳眉；四曰三峰眉；五曰垂珠眉；六曰月棱眉，又名却月眉；七曰分梢眉；八曰涵烟眉；九曰拂云眉，又名横烟眉；十曰倒晕眉。"《十眉图》是画工根据当时流行的眉形，经过归纳、加工、整理而作的，具有强烈的时代特色，是研究唐代妇女时世妆不可缺少的参考。为了进一步研究《十眉图》中眉式的特色，我还看了反映贞元年间宫廷贵族妇女豪华生活的《簪花仕女图》。画卷上共六人，五名宫廷贵妇，一名宫女。粗看几位妇女都晕宽粗眉，眉式无多大区别，但仔细研究她们的眉式，就可以看出种种差异，有涵烟眉、垂珠眉等。"晕涵烟眉"者使人觉得风姿别具，分外妖娆；"晕垂珠眉"者在丰腴健美之中，又平添窈窕婀娜之态。画不同眉形，有助于表现不同的人物性格。《十眉图》等史料说明，早在1200多年前，中国的化妆技术就已达到相当高超的水平。在世界化妆史上，《十眉图》也是十分珍贵的史料。隋唐的人以他们的审美心理及审美情趣创作出了节晕妆、桃花妆、泪妆、啼眉妆、血晕妆、天宝妆、飞霞妆、胡妆、檀晕妆……多样的妆容各臻其妙，各领风骚。

杨贵妃（林芳兵饰）作《霓裳羽衣舞》

生辱中
一荣在妆

🔸 杨贵妃（林芳兵饰）作《霓裳羽衣舞》

　　唐代以丰腴为美，但如果杨贵妃真的以很胖的形象出现，恐怕观众很难接受，这不但不是艺术，而且会导致艺术上的失败。因此我们决定以"丰满"为标准来塑造杨贵妃的造型，这样不但保留了唐代的审美特点，而且让广大观众和演员都能够接受，这才是艺术上的真实。

　　清秀的林芳兵为了饰演杨贵妃，符合唐代"以胖为美"的审美并表现杨贵妃的雍容华贵，为自己制订了一个增肥计划。我记得她那时把馒头、肥肉、炸鸡等所有能吃到的东西都往嘴里填，有时吃完了甚至会忍不住呕出来，但为了在开机时达到目标体重，她含着泪也会吃下去，这种敬业精神真是令人感动。在排练舞剧《丝路花雨》时，敦煌的专家告诉我们，唐代对女人的审美取向是"瘦骨丰颊"，她们是丰满圆润，而不是满身赘肉。史料记载杨贵妃善胡旋舞，如果她真的很胖，那么应该也很难跳奔腾欢快、旋转如风的胡旋舞，而且跳得那么好。在盛唐，从宫廷到民间，人人学胡旋，个个舞胡旋。舞技高超的人舞得像旋风一般，达到"左旋右旋不知疲"的境界。林芳兵不是专业舞蹈演员，在《唐明皇》中，她要学会来自不同地域、不同风格的舞蹈，这是个不小的挑战。那一段段"胡旋舞""龟兹舞""凌波舞""霓裳羽衣舞"耗费了她无数心血。舞蹈的一招一式，每一次亮相，每一个眼神，都融入了她对艺术的追求，对事业的执着。

电视剧《唐明皇》拍摄历时十七个月，拍摄后期，涿州影视城的唐城大体完工。当时正值春节前，拍摄基地满地的黄沙，没有一片绿叶，风吹起流沙直往嘴里、眼里灌。林芳兵每天要穿着袒露胸背的纱衣，完成夏日皇宫室外的戏份。虽然她自备皮大衣，但也挡不住华北平原的三九严寒。走位时不用脱大衣，做好拍摄的一切准备后，导演一声令下："预备，开始！"演员们就迅速脱掉大衣，尽量争取一条过。很多时候各个部门配合不好，就要拍好几条。我在现场跟妆，看见周洁裸露在外的部位冻得发紫，嘴唇不停地哆嗦，朝夕拍戏建立的友情让我不忍心看她受罪，就拿着大衣跑上跑下，给她披上再拿开。没拍过戏的人只看到演员台前幕后获得的掌声与鲜花，很难体会演员工作的艰辛。冬天拍夏天的室外戏，要穿夏天的衣服，角色需要光膀子就得光膀子，需要跳水就得往冰窟窿里跳。这还不算，为了降低口腔里的温度，张嘴时不呼出白气，还得吃冰棍，这无异于雪上加霜。有段时间林芳兵每天都咳嗽，《唐明皇》拍完后她得了很严重的气管炎，说话都受影响。拍戏前每天增肥，拍完戏后又减肥，这通折腾严重影响了她的身体健康。

◊ 《唐明皇》中众人作《霓裳羽衣舞》

剧作信息

电视剧：《唐明皇》（1993年版）
导演：陈家林
编剧：张弦、叶楠、曹惠、刘臣中
主演：刘威、林芳兵、黄小雷、李建群等

获奖状况
第11届大众电视金鹰奖优秀长篇连续剧奖
第13届飞天奖长篇电视剧特等奖
第13届飞天奖"优秀美术奖"

评价
"在我心目中《唐明皇》是电视剧与中国文化的完美融合，它不仅再现了大唐盛世的衣着（袒胸的襦裙、胡服、舞裙等）、头饰（牡丹、翠翘、金雀、玉搔头等）、妆容（花钿、画眉、小唇、鹅黄、酒晕妆）、体态（丰腴）、娱乐方式（打马球、斗鸡、拔河、茶道、插花等）、文化（音乐、舞蹈、诗词、字画）、影响力（倭国、新罗、百济、吐蕃、天竺、波斯等多国派遣唐使来唐），也展现了大唐帝国鼎盛时期的奢靡与光华。……我会把这部老剧推荐给喜爱历史和喜爱中国服装、文化的人。"

——豆瓣网友 @ 喵叽叽叽

"女性角色的造型（尤其是杨贵妃的）很华贵，簪花又完整又大气，配上高发包，是花衬人不是人托花。进入21世纪以后，再也没见过特别好看的高发髻造型了……其实单看花，这个花有点绒布堆起来的感觉，但是这么大面积的花也不夺美人颜色，真的绝了。"

——豆瓣网友 @ 寒天

参考资料

《唐会要》宋·王溥
《南诏录》（三卷）唐·徐云虔
《新唐书》北宋·欧阳修等
《潜确类书》明·陈仁锡
舞剧《天鹅湖》《吉赛尔》《堂吉诃德》《海侠》《鱼美人》
《丹铅续录》明·杨慎

人物注释

林芳兵（1965— ）

出生于江苏省扬州市。演员，毕业于南京艺术学院、北京电影学院。曾出演电视剧《唐明皇》《燕子李三》、电影《玉碎宫倾》《一个女演员的梦》等。发表论文《总体把握与具体不定向流动　电影演员现场意识初探》。荣获第11届中国电视金鹰奖"最佳女演员奖"。

严敏求（1941— ）

出生于上海市。演员，毕业于中央戏剧学院。曾参演话剧《故都春晓》《日出》和电视剧《唐明皇》《倚天屠龙记》《金婚》等。荣获第2届中国电视好演员奖红宝石组的"中国电视剧好演员"荣誉称号。

电影《杨贵妃》中的唐妆造型

1992年，陈家林导演拍摄的电影《杨贵妃》上映。我担任了这部电影的发型设计师。

该片讲述了杨玉环被选入宫，从成为寿王妃到被唐玄宗看中，成为唐朝最有名的宠妃，最后被赐缢死于马嵬坡的家喻户晓的故事。影片刻画了一个美丽善良，知晓音律、歌舞，喜爱荣华富贵，不问朝政大事，三千宠爱集于一身而又"宛转蛾眉马前死""君王掩面救不得"的宫廷贵妇形象。1993年，该片荣获大众电影百花奖"最佳故事片奖"。

在电视剧《唐明皇》中，杨玉环是开元天宝年间的一抹重彩，剧中不惜笔墨渲染了她和唐玄宗李隆基的爱情故事，而电影《杨贵妃》则将刻画重点放到了杨玉环身上，展现了一个绝美的女子如何为皇权所捕获又为皇权所吞噬。《杨贵妃》里的唐玄宗由刘文治扮演，杨贵妃则由舞蹈演员周洁饰演，他们都是从全国几十个著名演员中挑选出来的，非常优秀。

在创作之初，导演陈家林向所有主创人员讲述了他的整体构思：

> 杨贵妃，一个无人不晓的女性。美丽、善良、单纯而活泼的杨玉环享尽了宠爱，成为皇帝的宠妃，到头来竟被抛弃，赐死于马嵬坡。她的一生不过是在"奇奇妙妙幻象万种"之间"起起落落大梦一场"，可叹！可悲！
>
> 然而白居易的一曲《长恨歌》却把杨、李的风流韵事颂为爱情的千古绝唱。更有甚者，混淆历史，把唐朝的衰败归罪于小小的杨玉环，谓之曰"祸水"。皇帝、权臣们的罪过要让一个无辜的女人来承担，可耻！可鄙！
>
> 这部影片以杨、李的爱情为主要贯穿线，但它绝对不应成为一段孤零零的双人小品。故事发生在开元天宝年间，正是唐朝

从强盛走向没落、从繁荣走向衰亡的开端，因而它应有强烈的历史感。同时，这段故事发生在文化和艺术成就非常辉煌的唐朝，因此唐朝的文化将是这部影片必不可少的组成部分，如诗歌、美术、建筑、舞蹈等，没有这些，影片必不博大，必不恢宏。因而，它更应是一部有强烈历史感、文化感的爱情悲剧。

▸ 我和导演陈家林在涿州刚建成的影视城合影

它不是政治片，政治被推到了后景，也不是单纯探索艺术手法的所谓艺术片，更不是粗制滥造、以爱情为诱饵的商业片。它应当是一部有较新历史观，艺术性与观赏性统一结合的影片，在取材、故事叙述方法、画面和语言方面，都要做到雅俗共赏、老少皆宜。

它的色调是浓重的、宽厚的。要一扫文人对杨、李爱情描述中的脂粉气，要改变那种站在封建王朝立场上欣赏、玩味的叙述视角。

这部影片以杨玉环的命运为贯穿线。它的色调是五彩斑斓的，是多姿多彩的，更是和谐的、有高度文化层次的，给人以享受、给人以意境、给人以美感的……

它的各个方面都应该是讲究的。景、服、化、道不仅应该是美的，更应当是统一的、和谐的。造型制作应当是能给人惊喜的，有文化和一定档次的。

它的用光应当是大胆的、创新的，充分运用现代摄影用光技巧的。要拒绝四平八稳、毫无生气、毫无想法的所谓历史影片的摄影用光方法。

演员的表演应当是真实的、有内在的、朴实的，而不是浮于表面的、自我欣赏和矫揉造作的。

周洁（杨贵妃扮演者）的试妆照片

唐风流韵

120

● 周洁（杨贵妃扮演者）的试妆照片

生辱中一荣在妆

> 它的音乐应当是恢宏的、深情的、宽厚的,《霓裳羽衣曲》应成为全片音乐的灵魂和主导。
>
> 它的头尾应当是淡淡的、呼应的、引人思考的、耐人寻味的。在这样一个头尾中的内容应当是起伏跌宕的、悲喜交集的,使全片构成一个完整的作品。

化妆部门也跟其他部门一样,要为实现导演的整体构思而努力。

我非常热衷于这项工作,在担任舞剧《丝路花雨》的化妆师时,就已着手进行中国古代妇女化妆史料的搜集与整理。电影《杨贵妃》正好是我将研究成果呈现给广大的国内外观众的窗口。1994年,我关于电影《杨贵妃》中的发式设计的论文荣获中国电影电视技术学会颁发的化妆委员会论文一等奖,这正是对我工作的肯定。

纵观我国几千年的文明史,唐代是整个封建王朝中最为辉煌的朝代,电影《杨贵妃》的故事又发生在唐代的鼎盛时期。盛唐无论是在政治、经济、军事上还是在文学艺术上,都有着卓越的成就。它不仅承前启后、继往开来,而且在与外域的交往中兼容并蓄、博采众长,在各个领域都取得了非凡的成就。这一切为我们的妆造工作提供了极其宝贵的创作素材。

历史片必须具备历史的特征。人物是电影、电视的中心,而化妆就是帮助演员塑造各种各样的人物。作为化妆师,我们不主张唯美主义,也不反对美,但更重要的是把握角色的气质,如在周洁身上追求丰满、大气、白净的古典美,在刘文治身上追求帝王的威严,这就是我们一再强调的造型意识。《杨贵妃》在造型上还强调不同场合不同装束,如盛大节日的造型,舞蹈的造型,日常生活的造型都会进行区分;在发髻设计上,各种发髻(如高髻、圆鬟椎髻、抛家髻、螺髻等)都不同程度的有所夸张;在面饰设计上,额黄、妆靥、透额罗、花钿等都在各个重要场景中有所展示,给观众留下了深刻的印象。

杨玉环（周洁饰）被强封贵妃时的造型

生辱中
一荣在妆

123

杨玉环（周洁饰）与寿王大婚时的妆容

唐风流韵

124

根据剧情发展的需要，杨玉环的发式造型大致可分为两个阶段：第一个是杨玉环为寿王妃的阶段；第二个是杨玉环被自己的公公唐玄宗占有，强封为贵妃后的阶段。

影片开始不久，就是杨玉环与寿王大婚的场景。导演陈家林别具匠心地没有直接表现婚礼的盛大场面，没有花轿，没有宾客，而是展示了众多饶有情趣的画面，比如大婚的杨玉环不戴盖头而用雀扇遮脸，以及两对童男童女引着盛装的玉环向前，在她的脚下不断地递铺着小红毡子，寓意着"步步生莲"……这些画面为展示衣着、发式造型提供了绝好的机会。

唐代将钿钗礼衣用作新娘礼服。为了不与其他朝代新娘的礼服雷同，我参考了陕西乾县唐懿德太子墓石刻像中头戴凤冠、步摇的宫中女官形象，唐代画作《宫乐图》，敦煌壁画中的供养人形象，以及唐诗"长眉画了绣帘开，碧玉行收白玉台。为问翠钗钗上凤，不知香颈向谁回""寿阳公主嫁时妆，八字宫眉捧鹅黄"。大婚的杨玉环梳着内外命妇在一定礼仪场合梳用的两博鬓，以衬托其娇美的面庞。鬓上插着金雕翼、玉镂麟的金凤首饰，配以九树花钗、宝钿，以示其尊贵的身份。杨玉环大婚的发式造型体现出了"贵、美、雅、绝"四个字。

影视剧化妆师在考证史实的同时，还必须吸收新的营养，使人物妆造与时尚接轨，另外还要根据剧本要求、演员的个人条件和服饰的色彩等进行大胆的创作。影片中有这样一个场景：杨玉环骑马奔驰在骊山道上，此时的杨玉环头戴一顶"施裙到颈"的帷帽。史料中记载，帷帽始于隋，盛于唐永徽至开元间，制作帷帽的面料多是半透明的纱绢。在西安博物馆，可以看到戴帷帽的骑马女俑的英姿。我想用这样一顶别致的帷帽展现新婚的杨玉环正笼罩在甜蜜喜悦之中，给观众一种神秘又亲切的感觉。

杨玉环在马上听到音乐，忘情地驱马，寻声而至，却误闯宫闱。

两鬓抱面的杨玉环（周洁饰）

头梳两博鬓的杨玉环（周洁饰）

生挙中
一荣在妆

被唐玄宗召入骊山梨园画阁的杨玉环手提帷帽，通身胡服，身材窈窕，"雪肌花貌"，倾国倾城，一下子征服了大唐帝国的一国之君，使他不可自拔地陷入了情网。这顶帷帽正好为"玄宗见玉环"这场戏做了一个小小的铺垫。

站在唐玄宗面前的杨玉环，头梳惊鹄髻，身着翻领窄袖长袍、波斯裤、小蛮靴。这个造型是一套完整的胡服配上时世妆。开元年间，化胡妆、着胡服之风盛行，色彩艳丽、式样别致、带有异国情调的胡服，与过去褒衣大袖、长裙曳地的传统服装形成了鲜明的对比。胡服也突出了杨玉环的曲线美，为这场戏增添了特有的艺术感染力。

与胡服相配的是惊鹄髻。鹄即天鹅。在陕西乾县永泰公主墓出土的石刻浅画中，有不少梳惊鹄髻的宫女形象。我在做这个发式时，紧紧抓

🔸 戴帷帽的杨玉环（周洁饰）

● 头梳惊鹄髻的杨玉环（周洁饰）

一生荣辱在妆中

住"上耸"和"双翼欲展"的特点，使其挺拔舒展与圆润含蓄兼而有之。惊鹄髻正如中国画中的大写意，我除了追求它的形似，还追求神似，最后达到"形神兼备"的意境。

单刀髻也叫刀形半翻髻，在唐初时流行于宫中，是一种片状的高髻，很难处理。它不像惊鹄髻那样富有层次上的变化，在唐代一般都是将事先做好的义髻戴上去。拍摄寿王夫妇与李亨夫妇品茶的场景时，我为杨玉环选择了这个发式。单刀髻虽有鲜明的时代特色，但它的造型容易流于单调、死板，于是我用首饰来装饰它，十二只蔽发金钗呈扇状插入头发两侧，搭配步摇和圆鬟的造型。圆鬟的曲线、步摇的灵动改变了单刀髻原有的线条结构，发髻与首饰相互作用，呈现出了方中有圆、曲中有直、柔中有刚的变化。这些人为的装饰，不仅没有破坏单刀髻的造型风格，而且更加突出了杨玉环"粉项高丛鬟"的柔情绰态，顿时使整个造型灵动起来。

为电影中的人物做发式不能只考虑静态效果，因为镜头是运动的，除了要考虑发式的静态美，还要考虑其动态美。精心设计的惊鹄髻、单刀髻可以随心所欲地从各个角度来拍摄，使我想起了园林艺术中的"移步换景"，发式造型的艺术与园林艺术有异曲同工之妙。

杨玉环被封为贵妃后，人物的身份发生了极大的变化。"三千宠爱在一身"的杨玉环沉溺于恣意享受之中，她这一时期的发式以雍容华贵为主要特点。《簪花仕女图》《宫乐图》正是这一时期上层贵妇生活的真实写照。画作中贵妇的"时世头"正是开元天宝年间社会上"以胖为美"的审美标准的产物，杨贵妃成了"秾丽丰肥"之美的典范。为了适应这种审美的需要，又有了新的时世妆：广眉，峨髻，胸上夹缬，曳地长裙。在影片中，为了进一步渲染"发髻峨峨高一尺"的时世头，我采用了翻荷髻结合两鬓抱面的发式。两鬓抱面指鬓发多置于耳际，并朝脸部靠拢，翻荷髻是将头发集中在头顶，经耳翻转至脑后，其形像两片反扣的荷叶的发式。日本"浮世绘"作品

一生荣辱在妆中

头梳单刀髻的杨玉环（周洁饰）

头梳瑶台髻的杨玉环（周洁饰）

唐风流韵

132

一生荣辱在妆中

133

● 头梳侧包髻的杨玉环（周洁饰）

● 簪花的杨玉环（周洁饰）

唐风流韵

134

● 千娇百媚的杨玉环（周洁饰）

造型华丽的杨玉环（周洁饰）

中仕女的发式大多如此。这样一来,"丰发如云"同杨玉环的"丰颊肥体"非常协调相衬。扮演杨玉环的周洁非常纤瘦,为了演好杨玉环拼命增肥,而高髻对她塑造好杨玉环这一角色也起了不少积极作用。

影片中的杨贵妃在高髻上簪牡丹,这是唐朝人喜尚牡丹的一种表现。此俗虽古已有之,但都没有达到唐朝这种程度。唐李肇描述了当年唐朝人争先恐后地赏牡丹的情景:"京城贵游,尚牡丹三十余年矣。每春暮,车马若狂,以不耽玩为耻。"白居易也有诗云:"帝城春欲暮,喧喧车马度。共道牡丹时,相随买花去。"《簪花仕女图》就是当时贵族女性真实形象的写照。贵族女性所簪的牡丹讲究入品,导致名贵品种越来越昂贵,所以白居易发出了"一丛深色花,十户中人赋"之慨。决定影片中杨贵妃所簪牡丹的颜色时,我参考了《齐东野语》中簪花颜色与服装色彩的搭配,使杨贵妃千变万化的发式又增添了新的情趣。

《霓裳羽衣曲》是唐代的著名宫廷乐舞。唐玄宗的润色与制词,杨贵妃的舞,大诗人的咏叹,使它更加有名。这个舞曲的创作,传说是唐玄宗登三乡驿,望女儿山,作此曲前半,后吸收开元中西凉节度使杨敬述所献《婆罗门曲》续成全曲。从乐曲的创作来看,《霓裳羽衣曲》既有中原的燕乐、清商乐,又有西来的《婆罗门曲》,其乐曲本身就是多种文化融合的结晶,其舞蹈也有很浓的浪漫及神秘的色彩。难怪白居易赞叹它:"千歌百舞不可数,就中最爱霓裳舞。"天宝四年,唐玄宗封杨玉环为贵妃,命乐工奏《霓裳羽衣曲》,杨贵妃亲自献舞,天颜大悦,盛况空前。杨贵妃曾自矜,"霓裳一曲,足掩前古"。鉴于以上原因,我将杨贵妃表演《霓裳羽衣舞》的发式造型作为全片发式设计的重中之重。

白居易在《长庆集》卷五十一《霓裳羽衣舞歌》中对此曲做了细致的描写:"上元点鬟招萼绿,王母挥袂别飞琼。"在中国神话传说中,上元夫人、西王母、萼绿华、许飞琼都是仙人,所以我认为,杨贵妃作此舞时,其服饰、妆容和发式都应求其仙意。所谓仙意,我们可以从《八十七神仙卷》中领略。在诗中,白居易对舞蹈者的服饰也做了详尽的介绍:"案前舞者颜如玉,不著人间俗衣服。虹裳霞帔步摇冠,钿璎累累佩珊珊。"在唐代诗人郑嵎《津阳门诗》的自注中也提及了舞蹈者的盛装:"令宫伎梳九骑仙髻,衣孔雀翠衣,佩七宝璎珞,为《霓裳羽衣》之类。曲终,珠翠可扫。"这两段描述不由得使我联想起敦煌壁画《西方净土变》中头梳高髻、头戴巍峨宝冠、身着华丽天衣、披着透体轻纱、佩戴灿烂珠宝璎珞的菩萨形象。不过,这些史料毕竟都是后来的创作,我只能从中借鉴、领略杨贵妃的舞姿。鲁迅说过:"择取中国的遗产,融合新机,使将来的作品别开生面也是一条路。"这要求我们借鉴大量的史料,在研究史料的基础上充分地展开想象,调用一切手段去大胆设计。

　　发式及装饰的设计要适合舞蹈动作的展现。"飘然转旋回雪轻,嫣然纵送游龙惊。小垂手后柳无力,斜曳裾时云欲生。"这两句诗描写的是舞蹈动作。据此,我为杨贵妃设计了悬挂于两鬓的金步摇,舞动起来顾盼生辉,使舞态显得更婀娜多姿;环抱着五环仙髻的八只挂满坠饰的金凤尾呈扇形,随着杨贵妃的跳跃旋转上下翻飞;六根高耸于脑后的白雉尾使杨贵妃的身材看起来更加修长,也使她"爆如羿射九日落,矫如群帝骖龙翔"。另外,在做这个设计时,我还借鉴了中国传统戏曲中的翎子。

　　杨贵妃的舞蹈造型集中国传统美之大成,实践证明,它增强了作品的节奏感、韵律感,使人物更加妩媚,也使音乐、舞蹈、人物妆造巧妙地融合为一个充满艺术感的整体。

　　杨贵妃这场戏的妆造完成时,扮演者周洁看着镜子里的自己赞不绝口:"这么漂亮的发型,我真没想到,真出乎我的意料!这是我们的合作中我最满意的一次,我真不知如何感谢你!"

　　周洁盛装走出了化妆室。当她在片场技巧娴熟地起舞时,我突

电影《杨贵妃》中周洁作《霓裳羽衣舞》

● 唐·吴道子《八十七神仙卷》

然产生了一个念头：这个传统发式应该到国际上参加发型大赛！

"赐浴华清池"是影片的重场戏。集三千宠爱在一身的杨玉环盛装步入帷幔重重、私密豪华的华清池，在宫女的簇拥下更衣。像沐浴这种休闲场景，杨玉环的妆造不能太烦琐，否则会冲淡这里宁静神秘的气氛。我选用了在"贵妃醉酒"那场戏中出现过的花冠，这也呼应了白居易《长恨歌》里的"花冠不整下堂来"。镜头里，宫女小心翼翼地摘下花冠放在榻床上，将两鬓精美的钗朵及贵重的首饰一件件摘下，脱下的斗篷也整齐地堆放在旁边。在宫女

的服侍下，杨玉环除去衣饰，青丝如瀑，垂至脚踝，四个宫女撑起一段帛锦，将雪肤花貌的杨玉环围起，从珠箔银屏前滑过。透过放下的层层纱帘，四个宫女松开手中的帛锦，玉环立在汤池边，看着汤中飘浮的花瓣，背身全裸着走进汤中。虽说是全裸，但是在一重重的珠箔银屏之后，玉环如瀑布一般的长发亦遮挡住了胴体的三分之一，这些使画面充满了含蓄的美。

杨贵妃（周洁饰）起舞时的造型

唐风流韵

142

敦煌壁画《西方净土变》中的菩萨形象

像淋浴这种休闲场景，杨玉环的妆造不能太烦琐，否则会冲淡这里宁静神秘的气氛。我选用了在"贵妃醉酒"那场戏中出现过的花冠，这也呼应了白居易《长恨歌》里的"花冠不整下堂来"。

李建群的服装设计之美

❋ 1992年，李建群负责服装设计的电视剧《唐明皇》获第13届电视剧飞天奖"最佳美术奖"；1993年，她凭借电影《杨贵妃》中的服装设计，获第13届中国电影金鸡奖"最佳服装奖"。当初李建群为了设计《唐明皇》中的服装，不仅遍查资料，参照阎立本的《步辇图》，把制作衣服的师傅拉来一起研究，甚至还跑去敦煌莫高窟实地考察。一个温婉清雅的纤纤女子却创造出了如此大气厚重、气冲霄汉的作品，其背后所下的苦功可想而知。为实现画面和色彩的要求以及设计理念，李建群不厌其烦地研究图纸、面料、印染工艺、刺绣，一再研读剧本，调整和修改每一处细节。以她那种"不疯魔，不成活"的工作状态，成功是必然的。

李建群毕业于上海戏剧学院舞美系服装专业，师从著名画家陈逸飞。毕业后，她在兰州军区战斗文工团任服装设计。因为共同的志向、爱好、审美，我们成为非常要好的朋友，当初我进《唐明皇》剧组，还是李建群推荐的。她画的服装设计图真是精美细致，按场景、人物、场次的需要面面俱到，没有很深的文化底蕴是不可能画出来的，我参与过这么多部戏的拍摄都没有见过这么好的设计图。

导演陈家林要总体把控各个部门的工作，大家的工作都是在他的指导下完成的。我进剧组比较晚，离开机也就只有一个月左右的时间。建群进组比较早，她要收集资料，画出设计图，因为在开机前服装必须做出来。因为服装组与导演沟通的时间较长，她的设计图能充分体现导演的意图，所以我到剧组后要先看她的设计图，再完成我的设计。当建群把她的所有设计图都提供给我时，我发现她不仅设计了服装，还设计了发型。每一个造型的发型都与我的想法不谋而合，而且都出自绘画、史料、壁画……这也是我们成为好朋友的原因，也是我们要创造机会合作一次的基础。

1989年初秋，剧组的第一场戏在香山开拍，那是严敏求老师扮演的太

太平公主（严敏求饰）外景戏

生辱中
一荣在妆

● 李建群为电视剧《唐明皇》手绘的服装设计图

生辱中妆

一荣在
147

平公主的外景戏。我记得非常清楚，陈家林用的是长春电影制片厂的创作班底，他任总导演，率领十位副导演，服、化、道、摄像、剧照、制片等部门各司其职，一看就是水平一流的制作班子。这段戏用光相当讲究，采用侧逆光的处理方式，整个画面层次分明。演员的服装在镜头里艳丽而不失沉稳，我也选择了最有唐代特色的发式，来表现唐代宫廷中人的大气。建群设计的许多别致的服装，我都选择了唐代最有特点的发式来搭配，但不会原封不动地搬上去，有些加以少许的变化，有些则选择一些首饰来搭配，并按照美学的要求进行调整。我们配合设计出了许多经典的人物造型，得到了专家、同行、观众的好评。

为人物设计头饰、挑选佩戴的花朵时，我选择的颜色一定是她的服装里有的颜色，尽量做到和谐统一，这样人物造型就不会乱，这也是我在与

▲ 周洁在电视剧《唐明皇》中饰演赵丽妃

电影《杨贵妃》中杨贵妃（周洁饰）的簪花造型

生辱中
一荣在妆

149

所有的服装师合作时秉持的原则。《唐明皇》播出后，有专家评价我做发式设计时爱用大的花朵，我想这可能是受了《簪花仕女图》的影响。拍《杨贵妃》时，我在北京绢花厂订了十种不同颜色的大朵牡丹，一百元一朵，用的是日本进口的纱料，是厂里一位七十多岁的手艺最好的老师傅亲自做的。捧回之后，只舍得给饰演杨贵妃的演员戴。《齐东野语》和《词林纪事》对所簪之花与衣裳的搭配有详细的记载，例如："大抵簪白花则衣紫，紫花则衣鹅黄，黄花则衣红。"当然，这是古代的搭法，今天只能作为参考。

拍《杨贵妃》时，建群对我讲过她为杨贵妃"马嵬坡之死"设计服装时的想法："杨贵妃的最后一场戏是'贵妃之死'，这场戏她的服装要尽量追求高洁，以烘托这场戏的气氛。但是纯白又太简化了，所以我在白的大外披衣和至胸长裙上都绣了荷花团，以烘托杨贵妃此时唯美纯洁的形象。衣服是大百褶的，一个外披的褶就用了十几米的布，里面全是打的暗褶。她穿着这套服装走出来的时候，气氛确实不一样。'六军不发无奈何，宛转蛾眉马前死'，这就是杨贵妃的命运。她通过高高的栈桥走向庙里，身后大约有二十米长的白纱，白纱被鼓风机吹起，使杨贵妃犹如圣洁的飞天仙女，这个画面有强烈的视觉感染力，起到了烘托人物的作用。"

我看了建群的设计图后，感觉这个造型非常不一般，这是杨贵妃全剧的最后一个造型，是李、杨爱情悲剧的终结，也是全剧的结局，这个句号一定要画好。我为杨贵妃设计了头梳歪向右侧、略显成熟的倭堕髻，配上两鬓抱面，这是唐代最有特点的发式，这个发式见证了李、杨爱情的全部。一大朵洁白的白百合簪在发髻的左侧，正中插有素银梳篦，一只银白色烧蓝的莲花步摇插在发髻间。步摇的设计包含了两重意思：其一，步摇下垂垂珠，它会随着演员的表演而晃动，而晃动的方式、幅度、规律都能放大人物的情感，表现人物此时的惊悸、失望、绝望，这也是古代小说中常说的女性受到惊吓

🔴 拍摄"马嵬坡之死"时周洁的造型

🔴 我与周洁的合影

● 杨贵妃（周洁饰）走过栈桥

时会"花枝乱颤"的表现手法；其二，莲花在佛教里具有丰富的象征意义，杨贵妃通过栈桥走向的，是她小时候曾经来过的庙宇，而这里，成了她最终的归宿，我很同情她的不幸命运，《长恨歌》里说"忽闻海上有仙山，山在虚无缥缈间"，希望杨贵妃能在这里得到安息。

　　这套素练白装，象征着杨贵妃的纯洁与善良、单纯与纯真。她屈服于皇权，舍弃了寿王，投入了自己公爹的怀抱，沉溺在三千宠爱于一身的幻境里，太相信爱情的海誓山盟，最终成为政治的牺牲品。当年在华清池的"赐浴"，而

● 电影《杨贵妃》"赐浴华清池"一场中的杨贵妃（周洁饰）

今在马嵬坡的"赐死"，此时此刻，她可能明白，也可能不明白。在白居易的《长恨歌》里，杨玉环是不明白的，回忆起旧日的爱情，还是"梨花一枝春带雨"，最后还是"惟将旧物表深情"，给玄宗带去金钗一股，对玄宗的爱情仍然是"心似金钿坚"。但作为影视剧的设计者，我们要从现代的角度去审度李、杨的爱情，还杨玉环做女人的尊严，她要死得美丽，死得纯洁，死得雍容，死得辉煌，死得庄严，她的死制止了兵变，换得时局暂时的稳定，这是我设计造型时的出发点。

● 电影《杨贵妃》"贵妃醉酒"一场中的杨贵妃（周洁饰）

一生荣辱在妆中

155

● 我手绘的杨贵妃造型设计图

电影《杨贵妃》"贵妃醉酒"一场中的杨贵妃（周洁饰）

剧作信息

电影：《杨贵妃》1992 年版

导演：陈家林

编剧：白桦、田青、张弦、国弘威雄、
濮存昕

主演：周洁、刘文治、李如平、李建群、
濮存昕

获奖情况

第 16 届大众电影百花奖"最佳故事片"

第 13 届中国电影金鸡奖"最佳服装奖"
李建群

第 13 届中国电影金鸡奖"最佳美术奖"
靳喜武、路奇、赵君

评价

"老电影独有的韵味。服化道精美绝伦，'赐浴华清''霓裳羽衣舞'几个名场面也演绎得颇为精彩。周洁版的杨贵妃雍容华贵，丰腴姿态符合想象。"

——豆瓣网友@ Mintnotsmall

"该片在取材、场所、服饰和音乐方面特别遵循了历史的真实面貌，并将人物命运置身于宏大历史背景之中加以凸现，从而发挥了历史传记影片的纪实叙述优势，使历史内容本身对人物性格的塑造和人物情感的烘托产生了特别重要的意义。"

——《电影评介》

参考资料

《蝶三首》唐·李商隐

《齐东野语》南宋·周密

《词林纪事》清·张宗橚

《霓裳羽衣舞歌》《长恨歌》唐·白居易

《恨妆成》唐·元稹

《津阳门诗》唐·郑隅

人物注释

周洁（1961—2021）

国家一级舞蹈演员，中国舞蹈家协会理事，表演艺术委员会委员。在电视剧《火烧圆明园》《宝莲灯》《唐明皇》和电影《杨贵妃》等众多影视作品及舞蹈、舞剧作品中均有精彩演出。荣获第 8 届大众电视金鹰奖"最佳女主角"等奖项。

亚洲第一部 IMAX 3D 电影
《大明宫传奇》

IMAX 银幕上的盛世大唐

IMAX 是 Image Maximum 的缩写，是一种能够放映比普通银幕更大、清晰度和分辨率更高的影片的电影放映系统。进入 21 世纪以来，IMAX 电影开始进入主流商业院线，但 IMAX 技术刚普及时，绝大部分 IMAX 电影都是利用后期技术将普通电影转换成 IMAX 格式进行放映的。而《大明宫传奇》全片都是使用 IMAX 技术进行拍摄和制作的，这在中国甚至整个亚洲都是史无前例的。开机仪式上，IMAX 3D（三维）摄像机首登中国，据说在当时，全球能够操作这台摄像机的不超过十个人，因此，《大明宫传奇》花重金从好莱坞请来了一流的摄像团队。担任摄像师的是里德·菲利普·斯穆特（Reed Philip Smoot），担任 3D 技术监制的是威廉·安德森（Willam Anderson）。

在接这部戏前，制片人和制片主任亲自到我家来与我谈。我要求先看一下剧本，快速看完后，我笑着说："这个剧本是给我量身定做的，太像舞剧《丝路花雨》了，里面有东西文化的碰撞。"我随即签了合同，他们告诉我一个月后开机。当时我在想，这么大的一部戏，而且还是 3D 电影，他们为什么不早点来找我。后来才知道，他们前面找过几个化妆师，因为是 3D 电影，化

美国团队与《大明宫传奇》化妆组合影

妆比较麻烦，导演要求又高，化妆师们都接不了。我分析了一下自己的情况，唐代和龟兹的资料我早已烂熟于心，不用再从头查找和准备，所以我只从金铁木导演那里借了一本有关中亚艺术的书。导演对我说："我拍的是 IMAX 3D 电影，你看过《阿凡达》吗？"我说："我看过，不过不是在电影院。"导演说："《阿凡达》不在电影院看不算看过。IMAX 银幕要比传统的银幕大很多，巨大的画面可以让观众完全置身于影片所营造的气氛之中。大杨老师，我请你注意，标注的 IMAX 银幕宽 22 米，高 16 米，在如此巨大的银幕前观看电影，细节能看得特别清楚，演员脸上的汗毛、小痘痘、鱼尾纹甚至红血丝都可以看见。因此，《大明宫传奇》在拍摄时会更加注重细节的刻画，力求打造完美的画面。"我对导演说："因为没做过，我现在调集全国最好的制作力量，用最薄的纱来织头套、胡子，请最好的化妆师。通过试妆、试镜，你觉得不行，可以马上换人，去好莱坞请人！"

◆《大明宫传奇》上映海报

一周的时间过去了，对于我们的试妆结果，导演很满意，不过他要求妆造再细致一些。他说："摄像师里德先生做事非常严谨，一丝不苟，拍摄时质量过不了关，他会毫不留情的。"我们化妆组前期的功夫主要下在头套和胡子的制作上。在男一号君实将军的定妆照片中，胡子的纱边基本上看不见，因为胡子毛是用最小号的火剪一根一根烫出来的。

第一次试妆到定妆阶段已经临近开机，而一开机导演就要拍演员人数众多的"胡人酒肆"这场戏。

"胡人酒肆"这一大场戏，出场角色有唐人，也有来自西域的胡人，拍摄难度较大。一般来说，刚开机，最好先拍一些小的场面，让剧组人员磨合，特别是这部电影还有外国人参与，我们对他们的工作习惯、脾气秉性尚不了解，万一出现什么不愉快可不好。我们跟导演组提了想法，导演组接受了意见，改为先拍"国际联合考古队发现千年壁画"的几个小场面的戏。我们则由外景地返回北京，准备在涿州拍摄基地的棚里拍"胡人酒肆"。但制片部门一验景，发现景搭得太大了，原来定的演员数会显得画面太空，只好让演员数加倍，来填充画面。我的天哪！我是按人头准备化妆材料的，一时间哪能变出那么多的东西！俗话说得好，求人不如求己，我立刻开车回家翻箱倒柜，找老箱底。这是大场面，现有的化妆师忙不过来，还得找化妆的人。请来的化妆师还得教他们在这部戏中怎么化妆，安排他们的衣食住行……那时我恨不得长出六条腿、八只手。

拍大场面的那天，我计划得比较好，按时交了妆。看着拍摄如期进行，我长呼一口气。

"胡人酒肆"这场戏中，大唐的明月郡主也会前往酒肆。明月郡主此行有两个目的，一是给卢涅斯王子送跌打损伤药，二是劝说他退出比武。我进剧组当天，到位于北七家镇北影服装制作厂看

▲《大明宫传奇》海报

金铁木 作品

ming Palace

X 3D

《大明宫传奇》定妆照

一生荣辱在妆中

165

◆《大明宫传奇》定妆照

●《大明宫传奇》剧照

美术指导林潮翔的设计风格，当时导演正好打过电话来，与服装师商量公主去酒肆是戴面具还是穿男装，因为公主这次是秘密出行。我听完后觉得，如果戴上面具谁又知道她是公主呢？这样不利于演员的表演。但若是穿男装，又显得很普通。我想了想，接过电话，建议导演："我给她做一顶帷帽，初唐妇女外出怕路人窥视，都戴'拖裙到颈'的帷帽，不过我的帷帽四周不用垂纱，而用珠帘，这样拍演员的表情时，用反光板在下面微托一下，就可以看到演员的表演。"后来，导演在拍摄时，让演员撩了一下帷帽的珠帘，这样她的表情就更加一目了然。

《大明宫传奇》剧照

生辱妆中
一荣在妆
167

🔹 充满浓浓的异域风的造型

"胡人酒肆"拍完后,制片部门急忙派人将胶片送到美国去冲洗,期间我们都在涿州基地拍摄外景戏。一天早上在拍摄现场,里德先生走过来,跟我用英语说着什么,我一句也听不懂,急忙叫来电影学院摄影系的研究生丁丁。丁丁给我翻译了里德先生想说的话:"尊敬的杨树云老师,很荣幸与您共事,您高标准及出色的工作已成为我们所有人的灵感来源,您精益求精的工作态度值得我们钦佩及感谢!祝贺您及您的团队取得的成功!我很荣幸与您成为朋友,谨此致以我最诚挚的祝福!"

在拍到君实将军与卢涅斯王子的马球竞技赛时,由于君实将军骑在高头大马上,马儿遇上生人,又踢又咬,女化妆师不敢靠近,我只能心惊胆战地为

一生荣辱在妆中

● 充满异域风情的舞伎

明月公主（刘雨欣饰）定妆照

唐风
流韵

170

君实将军修妆。不一会儿,坐在双监视器前的导演大发脾气,把我叫过去,让我看监视器——原来是君实将军的胡子造型不过关。监视器的屏幕是3D的,用肉眼看都是花的,而演员脸上的妆合不合格一般人根本无法从监视器上看出来。于是我走到马前,搬了一个凳子,站上去一看,拍了一天,君实将军的胡子实在无法快速修复了。导演看了看快要落山的太阳,满脸不高兴地说:"不拍了!"便拂袖而去。

我们回去,自然忙了一个晚上。第二天到现场,我直接去找导演,提出了我的解决办法和要求:"我准备了三副胡子,第一副走戏时贴,可以拍远景、小全景;第二副可拍中近景;第三副是'精品胡子',专门拍特写,拍完特写马上卸下来,保证之后拍特写时还能用,因为这副胡子的胡毛是一根一根地烫出来的,外景现场不具备制作"精品胡子"的条件;最后,换装时要给我们时间。"导演欣然答应。

在拍君实将军和卢涅斯王子对决十八武士的打斗场面中,会用轨道车360°拍演员。我要求十八武士的头套和胡子的精细程度要和主要演员的一样,因为他们的镜头和主演的是一样的。在整个拍摄过程中,所有的工作我都不敢掉以轻心,因为我明白,细节决定了影片的质量。

2010年9月25日我从外地返京,一下飞机就直接赶赴《大明宫传奇》首映式,只见影厅已是座无虚席。《大明宫传奇》不仅仅有巨幕带来的高清与震撼,还有3D效果的展现。舞女翩翩起舞,裙角仿佛在观众眼前飞扬,观众甚至忍不住想伸手去触摸;精彩的马球比赛中,赛马人重重地摔倒在地,观众会唯恐闪避不及;残酷的攻城战,士兵从高空坠落,观众本能地想接住他们……IMAX银幕上的盛世大唐、刺激震撼的禁军比武场面和如梦似幻的宫廷乐舞,让观众大呼过瘾。中国电影电视技术学会化妆委员会副主

头戴珠帘帷帽的明月公主（刘雨欣饰）

唐风 ❀ 流韵

172

头戴珠帘帷帽的明月公主（刘雨欣饰）

一生荣辱在妆中

任刘秉魁看了电影后说："《大明宫传奇》是中国首部 IMAX 3D 电影，无论是妆容还是毛发制作，都展现了很高的水平，不同种族、不同身份的人物造型准确、形象生动，给影片增光添彩，作为中国化妆师，我为之自豪。"

2010 年 11 月，《大明宫传奇》的妆造设计获得了中国电影电视技术学会颁发的第 8 届中国影视化妆金像奖，同时我还获得了学会颁发的终身成就奖。

《大明宫传奇》平均每分钟耗资 200 万元，在西安大明宫国家遗址公园播放一年后，该片在 2011 年国庆已收回全部投资成本。

🔥 总摄像师里德先生为剧中武则天的扮演者宋佳量光

🔥 我为宋佳化妆

如何适应高清拍摄

自高清摄像机问世以来，如何适应高清拍摄一直是中国影视化妆师的一个大难题。2010年10月19日，由上海东方传媒集团有限公司与中央新闻纪录电影制片厂联合出品的纪录片电影《外滩佚事》在内地上映。在影片前期拍摄过程中，摄像师会使用高清设备，这给化妆师提出了新的课题，我正是带着这个课题进入《外滩佚事》剧组的。

《外滩佚事》拍摄设备精良，使用了美国的Red One 4K高清数字电影摄像机。就是这样一款"超级设备"，给化妆师们带来了很大的麻烦。由于Red One 4K像素高达1200万，因此人物面部的所有细节都可以一览无余地呈现在屏幕上，这就意味着人物面部的任何缺陷，比如小痘痘、爆皮、皱纹等，都会全部呈现出来。在非高清时代，对于成熟的化妆师来说，只要将面部缺点弱化，无须灯光、摄像的配合，就可以使画面有相当好的质感。但是，在高清摄像机面前，普通的处理方法已经不能保证画面的效果了。在高清时代，给演员化妆更应追求薄、透、自然，还要注意解决穿帮问题。令人欣慰的是，《外滩佚事》剧组通过全剧组整体的统筹协调，剧中人物的妆造基本适应了4K高清的视觉要求，化妆工作比较成功，做到了导演满意、演员满意、观众满意。同时，在化妆过程中我们也总结出一些问题，值得导演、演员、化妆师以及其他的制作人员认真对待。

化妆、灯光、摄像等各部门的通力配合

拍摄前期的准备工作非常重要。化妆师必须熟读剧本，熟悉人物，从了解演员的五官特色，把握影片主题风格，到化妆时考虑采用何种技术手段来达到准确表现人物的性格以及外部特征，都需要下大功夫。另外，在高清时代，选演员、试妆、试光、试镜这些环节非常关键，千万马虎不得。制片人在做预算时，应该考虑这方面的用时和经费，不应为了节约，或强调周期以及其他客观原因而省去这些步骤。通过试妆、调整，到最后定妆，这个过程体现了导演对角色的理解，和对化妆师的认可。与此同时，化妆师必须与灯光师、摄像师、美术师及各技术部门进行良好沟通，有时拍摄的画面出现了问题，不一定是化妆师的问题，互相配合才能保证高清摄像机下的人物拍摄效果，使其

更真实，保证角色的生命力，为下面的拍摄奠定一个好的基础。4K 设备的使用不能不说是一种进步，不过这也会给各个部门带来一些意想不到的问题，这时现场的技术部门就应发挥作用，负责各部门技术上的协调。

必选演员的统筹

选择演员时要看演员自身的皮肤条件能否满足高清拍摄的要求。在非高清时代，想要在镜头中消除眼袋、皱纹、青春痘，避免皮肤看起来不干净，可以用的方法很多，但是在高清时代，如果在镜头前加纱加柔，会使画面变得不高清，从而失去使用昂贵设备的意义，所以高清设备对演员皮肤质感的要求非常高。如果角色非某个演员莫属，那就要让演员通过一定的养护或治疗，使皮肤状态尽量达到拍摄的要求，这些制片部门进行统筹规划时都要考虑到。

演员的自我保护

好的皮肤是高清摄像机顺利拍摄的基本保证。高清时代的到来，对演员有了更高的要求，特别是对海鲜、辛辣、烟酒、化妆品等敏感的演员，要改变、控制自己的饮食习惯、生活习惯，配合高清拍摄。在《外滩佚事》的剧组中，港台演员在这方面就比内地演员做得好。有规律的生活，加强锻炼，在不拍摄时尽量做到合理起居，尽量减少社会活动，减少化妆品的使用，选用高品质、适合自己皮肤的护肤品，深层护理，使皮肤保持水分，增加皮肤的弹性，显得尤为重要。

慎重选用化妆品

大多数化妆师在这方面缺乏经验，需要在实践中摸索。影视化妆师用的化妆品牌子很杂，通常用的都是国际知名品牌的产品。以往我们拍电影主要用美国品牌蜜丝佛陀（Max Factor）的产品，这样化出的妆容特别适合出现在胶片电影中。现在则会用魅可（Make-up Art Cosmetics，简称MAC）、芭比波朗（Bobbi Brown）、诗碧曼（Gerda Spillmann）、玫珂菲（Make Up For Ever）、植村秀（Shu Uemura）等。我个人认为，化妆品要在使用中不断地比较，并且根据技术应用的特点，配备相应的化妆品，不要单纯迷信某个品牌的产品。多年的经验告诉我，没有哪一个品牌的产品是可以包打天下的。近年来，国产品牌的彩妆产品也有了很大的进步，如ZFC的眼影、睫毛膏、眼线液、粉底等产品很适合中国演员的肤质，且色彩柔和；千艺千惠的粉底、散粉色彩自然，很适合用于高清影视作品中的男妆。

化妆更注重层次感

化妆师对妆面的正确处理是保证良好的整体效果的基础。化妆师在妆面的创作过程中必须根据高清拍摄的特点在细节上有所调整，如上高光时要更注意层次，以突出妆面的立体感，这样可以有效降低面部缺点的存在感；在处理粉底时，无论是乳液状还是膏状粉底，对于薄、厚层次的打法，都要非常讲究，要不断地实践，既要达到遮瑕的目的，又不能显出痕迹，要保持颜色的统一，保留皮肤的质感，使整个妆面有高光，有结构，有轮廓，有呼吸，有生命。要通过化妆使演员的面部更生动、自然。

特效化妆的应用技巧

以往，为角色年龄跨度大的演员化妆时通常会用到绘画化妆的手法，但在高清设备下，用这种方法化出的妆容就显得不够真实了。

▸《大明宫传奇》主创人员合影

年轻到年老的变化是随着骨骼结构的变化、皮肤质感的变化、肌肉的松弛来体现的，因此妆容要用塑形化妆法来呈现。塑形化妆要求化妆师有美术基础和塑形造型的技术，所采用的材料有硫化胶乳、发泡橡胶、共聚物、人造皮和其他塑形材料。所选用的材料与皮肤质感的吻合程度和细腻度，材料对光的吸收与反射，材料的接边是否容易，有无明显的痕迹，这些都是评判材料优劣的标准。材料好，拍出来才不会显得很假。

特殊材料的运用技巧

　　想要在妆造上追求真实，必须了解高清摄像机的性能及其对化妆的要求。电视剧与用高清摄像机拍摄的电影打光方法不同，对色彩的宽容度、色彩的还原以及对妆容细腻程度的要求也不同，这就要求化妆师必须制订出相应的办法，要打主动之仗。在高清摄像机下，特别容易穿帮的是胡子和头套。首先，化妆师所选用的绢纱及尼龙纱的薄厚对胡须的制作至关重要。沿用过去的纱在拍特写时会清晰地看到纱的经纬线，因此需要更薄、孔眼更细的纱，而且纱的颜色和皮肤的颜色要一致。这里面也存在制作技术与粘贴技巧方面的问题。化妆师使用胶水的时候，要考虑粘贴后泛不泛白，纱的颜色发不发生变化，最好用专业的胶水，这样粘贴后不需要用线条色来修饰纱边与皮肤的衔接处。所用纱的薄厚最好控制在两毫米一个孔眼为好，太薄了不结实，一个头套撑不下来一部戏。薄纱因为弹性较大，钩织起来会有一定的难度，但是不容易穿帮。《外滩侠事》中，有一场戏是七十岁的英国人赫德在将要离开中国时进行了一场告别演讲，这场戏会一直拍赫德的大特写，而原本在远景中使用的胡须，在特写下会暴露出细小的孔眼。为了解决这个问题，我将细绒毛粘贴在纱边上，这样既可以有效地遮盖纱边，还能丰富胡须的层次感。

　　在用高清摄像机拍摄的戏中，头套的钩织要更细致、更讲究，最里面的部分用中国发，中国发粗，质地好；边缘用印度发，印度发较中国发细，钩织打结处不会形成一个明显的黑点，这样将毛发钩在纱上，毛发看起来就像真人发一样；最外缘用细细的骆驼毛，这样可以使发际线显得很真实、自然。

剧作信息

电影：《大明宫传奇》
导演：金铁木
编剧：梅峰
主演：朱一龙、刘雨欣、阿帕尔江、宋佳

获奖情况
第8届中国影视化妆金像奖"终身成就奖"
杨树云

人物注释

金铁木（1971— ）

生于甘肃省兰州市，中国内地导演、编剧、制片人。执导了众多优秀纪录片、电影。执导的纪录片《复活的军团》获得中国广播电视学会纪录片大奖、中国电视金鹰奖纪录片大奖等奖项，纪录片《圆明园》获得第16届金鸡奖"最佳科教片奖"、第11届平壤国际电影节"国际评委会特别奖"等。著有图书《千宫之宫》《帝国军团》。

唐风

Cosmetic
Art of
Tang
Dynasty

流韵

千锤百炼 精心定格 顾盼神飞

第三章

秾丽多姿舞唐风

杨氏舞蹈妆的神之一技

编者按

舞蹈与诗歌堪称唐代文化艺术的双璧，乐舞在唐代迎来了空前的繁荣。杨氏通过唐代舞剧中的角色化妆，再现了四大美人、公孙大娘等经典文学形象。他在舞蹈造型中斟酌手、眼、身、法、步等动态语言，大胆展现人体美、形体美、肢体美、造型美，使舞者洋溢着动感神韵，堪称神之一技。这种艺术创作理念是对传统艺术的融合创新，可以说，艺术之路，为勇者而开。

《箜篌引》的妆容和造型

继舞剧《丝路花雨》之后，我又接下了一部以敦煌壁画为题材的舞剧——《箜篌引》。

这部舞剧中的故事发生在古时候的西北。故事取材于莫高窟中的壁画《善事太子入海故事画》。舞剧故事梗概如下：

在东旦国的王宫广场上，深得民心的善友被册封为太子。西萨国的无忧公主赶来祝贺，与善友太子一见钟情，互赠信物。

后来，一群乞丐扰乱了盛典，他们围着善友啼饥号寒，善友因无法解救众生的疾苦而又愧又急。这时沙漠上出现了幻象，幻海中升起箜篌。箜篌一响，五谷丰登，桑蚕遍野。为了百姓们能丰衣足食，善友毅然摘下了太子冠，矢志入海求取箜篌。他的弟弟威友也随之前往，兄弟两人来到了海边，善友潜入海中取回箜篌。威友恶念丛生，为王位、为美人，竟刺瞎了哥哥的双目，夺走了箜篌。

西萨国的后宫里，当满怀期待的无忧公主发现前来下聘的不是善友而是威友时，立刻由大喜转为大悲。她拒绝了威友的求婚，决心踏破尘寰，去寻找自己的意中人。

幸存下来的善友沦为果园的守园人，他生活在百姓中间，百姓给

敦煌莫高窟壁画《善事太子入海故事画》(局部)

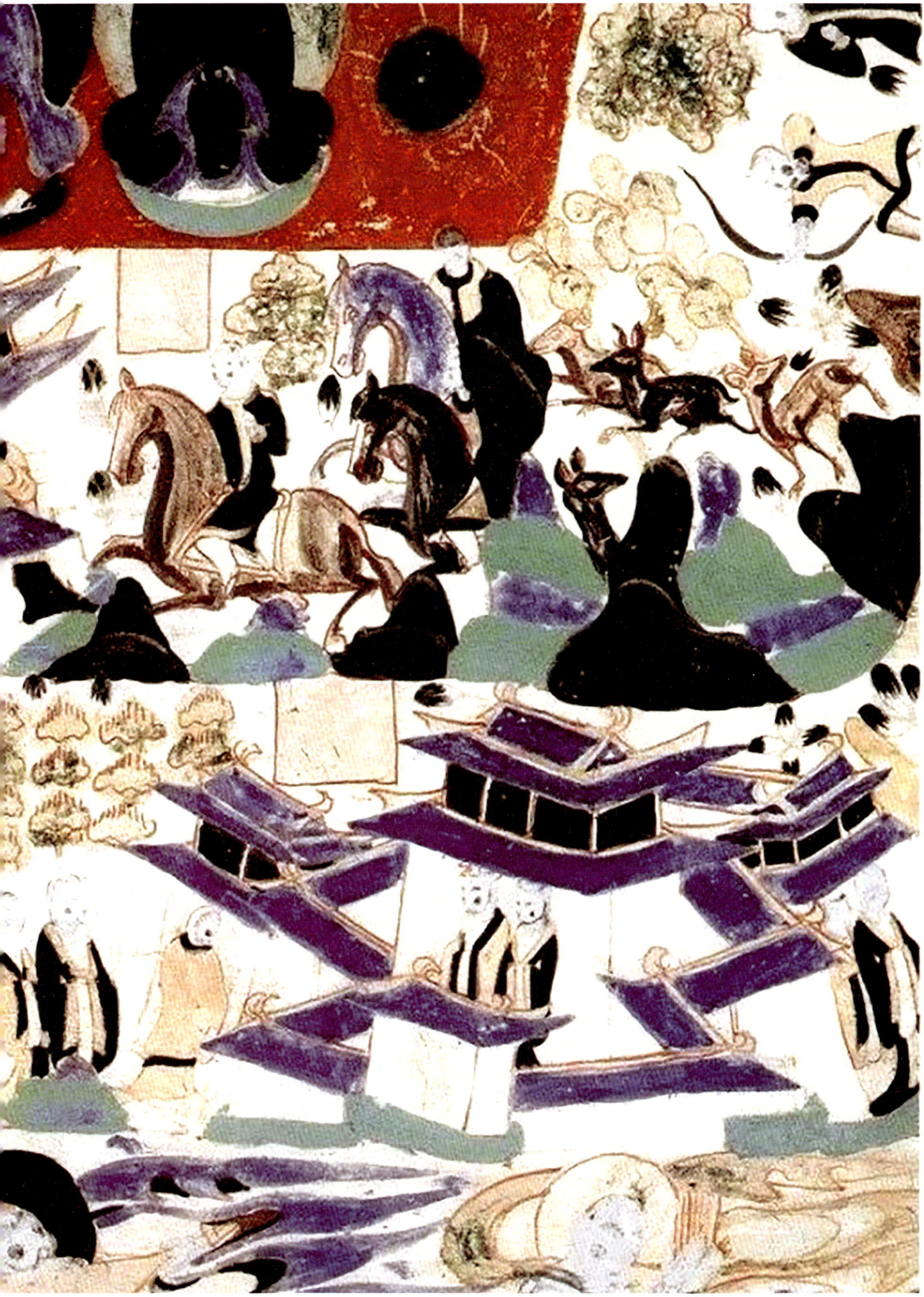

●《箜篌引》第一场"太子加冕"中的群舞

　　他以温暖,他报百姓以琴声。在一次演奏时,公主找到了他。公主坚贞炽烈的爱意感动了善友,两人和好如初。

　　老乞妇母子求助于善友,但此时善友已经无法帮助他们了,老乞妇绝望而死。百姓们悲苦的命运强烈地刺激了善友,他敲起了大钟,召唤人们和他一起去讨要箜篌。

　　威友走投无路,终将箜篌抛入火池之中。顿时,天崩地裂,大地变成一片苦难的火海。公主拼死入火,抢回箜篌,为民舍身。于是火池化为莲池,焦土化为乐土,善友的双目随之复明,穷苦的百姓们也过上了向往已久的好日子。

🔸 龟兹壁画

剧中的东旦国指的是中原地区,西萨国指的是于阗、龟兹一带。佛教从印度传入我国,首先传入的正是这些地区。在魏晋时期,佛教迅猛发展,龟兹艺术黄金时期的代表克孜尔千佛洞里就有许多反映佛教内容的壁画。虽然壁画上的内容和故事与现实生活相距甚远,但我们还是能从中找到一些现实生活的影子。壁画上那庄严威武的天王力士形象,使我们联想到当时的龟兹将士们,因为他们身披的正是古龟兹将士们的甲胄;众多的供养人身穿的正是当时龟兹世俗人的装束。壁画中的"天宫伎乐图",给我们呈现的是曾震荡整个中原的古龟兹乐的演奏现场;壁画上翩翩起舞的舞神,舞的是曾经轰动过大唐的古龟兹舞蹈。总之,壁画中人物的风貌、衣装、发型、首饰的结构与形状,

舞剧《箜篌引》中史敏扮演的西萨国公主

身、法、步去欣赏她的绰约风姿。序很长，有的是时间让镜头慢慢地拉出全身。演员随着音乐的起伏调整气息及右手的动作，这代表彩塑的伎乐菩萨苏醒了。序过后音乐的节奏转入慢板，伎乐菩萨开始翩翩起舞。我非常佩服导演的处理手法，先不拍大全景，而是拍演员睫毛的特写，慢慢拉出人物全身，给观众的第一印象是一个非常漂亮的彩塑伎乐菩萨在舞蹈。彩塑的每一个细节都在序这部分中完美地展现，镜头下彩塑由静态到动态，其气、韵、神妙不可言；身体的三道弯展现了敦煌舞特有的风姿。一个轻盈的旋转，360°不同角度定格，定格的艺术处理增加了影视舞蹈的特有魅力。轻盈的舞步，顾盼神飞的眼神，极富表现力的手部姿势，在轻歌曼舞中，定格、定格、定格；长带随风舞动，造型瞬息变化，演员踏跳飞腾，彩带伴随吉祥天女的大跳，定格、定格、定格。

　　史敏不愧是英娘的扮演者，又经过在舞蹈学院的进修，技巧愈发娴熟，表演超常发挥、一气呵成。导演也不愧是中央电视台的大导演，镜头运用娴熟，艺术处理独特。摄像师也拍得得心应手。说实话，舞蹈不太好拍，因为演员动作幅度比较大，镜头有时候跟不上，一不注意演员就可能跑出画面。好的摄像师要跟得上演员，该拉全景的地方一定要拉全，该推上去的地方一定要准确地推上去，还得随时随地能抓住演员的精气神。演员在表演中的亮相尤为重要，因为这些亮相造型都是经过千锤百炼后精心定格的。这里面还有摄像机拍摄角度的问题。比如，"探海"这个造型，一定要从正面拍，机位要低，在演员探身下去时，要让人看见演员伸出的腿的鞋底，在演员快要完成动作时，镜头可以往演员的右侧稍微移一点儿，帮助演员使其"探海"亮相尽善尽美，从而表现出演员高超的基本功。

◆《敦煌梦幻》中的史敏

●《敦煌梦幻》中的史敏

丽多姿
秾舞唐风

195

《浔阳遗韵》是舞蹈编导许琪根据陈逸飞先生众多油画作品中的精品《浔阳遗韵》改编的舞蹈。我记得许琪还专门打电话征得了陈逸飞先生的同意。许琪是个才女，不仅舞编得好，而且写得一手好文章，对敦煌舞蹈、唐代舞蹈等中国古典舞蹈有着深入的研究，还有不少精辟的论文论述，我很佩服她。我在甘肃歌舞剧院与她合作得最多，每次她笑眯眯推开我家的门，告诉我："大杨，我搞了一个舞蹈，你保准喜欢！"然后就开始绘声绘色地讲述创意。往往还没等她说完，我就已经被她讲述的题材和创作的激情所鼓舞。每当她说这时候演员的表演是如何如何的，我马上接着说我化的妆是如何如何的，大家高兴得不得了。就这样，一个个有特色的作品搬上了舞台、荧屏。

这次在中央电视台录制的《浔阳遗韵》，中间坐着手持团扇的演员是另一位英娘的扮演者傅春英，当时她已经调到北京电影学院。看着过去朝夕相处的她们如今在艺术上的成熟，再度与她们合作，我心里充满了喜悦。

因为有原画，在筹备时我便了解了画中人物服装的色彩和样式，并且能在原画的基础上进行造型美化，这对我来说方便了不少。《浔阳遗韵》舞剧表现的是清末民国初年女子们的习乐场面。在《丝路花雨》剧组中，傅春英是当时英娘的几个扮演者中最漂亮的，有"东方美神"之誉，她端庄秀美，圆润温婉，还有大家闺秀的风范。

这个舞蹈作品，舒缓、抒情，极富生活情趣，在箫与琵琶的合奏中，少妇在春日里深情地曼舞，是又一个有特色、有品位、有韵味、有底蕴的作品。王家媛导演在后期剪辑时也下了不少功夫。舞蹈播出后，许琪再见到我时，没有了笑脸，说："我再也不和你合作了，片子都成了你的化妆纪录片了，我的舞蹈被剪得支离破碎。"我赶忙说："片子不是我剪的，是电视艺术片不是纪录片。"生气归生气，以后有事还得一起做。

1994年，为了赴香港参加演出，席臻贯与许琪等人编排的大型

● 陈逸飞名作《浔阳遗韵》

丽姿风采 多舞唐风 197

乐舞《敦煌古乐》将我借调过去，一起搞创作。歌、舞、乐、诗四位一体的演出给观众带来了传统美的享受。1992年，席臻贯先生对敦煌乐谱的破译，就已经在世界音乐界引起了不小的震动。后来我听说《敦煌古乐》在日本的演出也引起了很大的轰动。

为了写与《浔阳遗韵》相关的文章，我与许琪通了电话。她比我小一岁，已退休多年，一直在搞舞蹈教学，对敦煌舞蹈的研究与开发一直没有间断。说起敦煌舞的规律，她如数家珍："S"型三道弯造型的动律；抬腿时不是绷脚背，而是勾脚；男子舞蹈动作充满了"劲道"。这里所说的"劲道"，指力量和英武之劲，是由内而外的刚韧，如莫高窟第249窟中的天王、力士展现的男性的肌肉与阳刚劲儿；敦煌女子舞蹈也不是一味的柔媚，也有内在的柔韧与抻劲儿。这么多年来，她不断地潜心钻研、体会，总结出敦煌舞蹈的元素，悟出了敦煌舞蹈的新概念，对敦煌舞学研究做出了贡献。我的经验是，一个舞蹈化妆师需要具备舞蹈专业知识，这样创作才能深入进去。谈起《浔阳遗韵》的创作，许琪回忆说，那是一段很吃功力的舞蹈，需要通过舞蹈语汇、演员的表演体现出《浔阳遗韵》作品的内涵、韵律及内在的文化底蕴。当时傅春英调到北京电影学院已好几年，长时间离开舞台使她刚开始排练时眼睛都不知应该看哪里，但经过不断排练、磨合，到录像时她已经收放自如。

舞剧的开头是陈逸飞《浔阳遗韵》的原画，在慢板的节奏中逐渐展现出演员表演的画面：春天风和日丽，鸟儿鸣唱，女子按捺不住春之喜悦，在丝竹声中翩翩起舞。许琪除了抠动作，更多的是抠戏，戏对了，眼神也就对了。她说这是一个很抒情、很舒缓的舞蹈，演员要用充实的内心把乐曲填满，要让观众看得明白。在正式拍摄时，傅春英在表演上已收放自如，恰到好处地表现出民国初年深宅大院中的大家闺秀的端庄秀美。情趣高雅的画卷，人、乐、舞、曲融为一体，揭示出陈逸飞名画的主题及中国传统文化的内涵。许琪告诉我：

◆ 莫高窟第 249 窟中的二力士

"音乐是大作曲家莫凡的作品,吹笛子的是有'千年玉笛第一人'之称的曾格格(原名曾昭斌),弹琵琶的是我心目中的当今中国琵琶第一人章红艳,当时她们还没有从音乐学院毕业。"

电话打了很长时间,我们把过去的合作历数了一遍,她不无感慨地说:"像咱们那时的合作如今已经没有了。大杨,我再告诉你一个好消息,我给省艺校编排的敦煌舞蹈,参加了全国性的比赛,还获了奖,评委是北京舞蹈学院的潘志涛老教授,他还推荐这支舞上了文化部的春晚。"

作为一名化妆师,要学习、研究,弄懂你所拍的作品,这样你的设计才能有的放矢,才会令导演满意、编导满意、演员满意、观众满意。

《绝代长歌行》

  中华民族有着十分悠久的舞蹈文化。在数千年的历史长河中，舞蹈的发展虽然几经沉浮，但是它仍像汇聚百川的活水，川流不息，直至今朝。二十世纪八九十年代，我参与拍摄的舞蹈专题片有《西部之舞——敦煌云中》《敦煌不觉眠》《敦煌古乐》《敦煌梦幻》《绝代长歌行》《浔阳遗韵》《唐风流韵》等。

  我化起舞蹈妆得心应手，这与我的个人爱好和经历有不可分割的关系。我了解各个舞种之间的区别，懂得舞者的肢体语言，能够挖掘舞蹈的动律及韵律，可以将形体美、造型美、动感美、性感美、时尚美、另类美、现代美及内在美全部融入舞蹈造型之中。

  画家张孝友创作的《敦煌礼佛图卷》描绘了多位风姿绰约的菩萨，人物举手投足间集中了敦煌壁画的神韵，手、眼、身、法、步都蕴含着敦煌的美，画中每一条线都体现了他深厚的功力。图卷虽属于二度创作，却与敦煌壁画的总体风格十分统一。他称《敦煌礼佛图卷》是"他眼中的敦煌"，他将敦煌的美通过他的眼提炼出来。这些艺术家的创作理念潜移默化地影响着我化妆的思维方式。

  为舞蹈专题片《西部之舞——敦煌云中》的人物设计造型时，我吸收了张孝友白描的手法。舞蹈里有十六个演员，每人都梳双环髻。群舞演员的造

🝆 张孝友《敦煌礼佛图卷》

型一般会保持一致，但我觉得敦煌壁画、永乐宫壁画和《八十七神仙卷》中有那么多千姿百态的发式造型，且张孝友白描里人物的发型也很多样，那我在设计时为什么不能多点变化呢？这也是展示传统发式之美的绝好机会。于是，我将环髻做出了十六种变化，使发式各不相同。我采用将不规则几何图形排列组合的方式，处理环髻的变化。发型虽然有了不同的变化，但我始终谨记这是群舞，局部的变化不能喧宾夺主，因此我用相同的首饰来点缀发型，这样，每个发型既有不同的变化，却又整齐统一。因为群舞是捧月的众星，不能夺了领舞演员的光彩。我遵照的原则是从整体到局部，再从局部到整体，经过几番推敲，最后还要拉回到整体看效果。

《绝代长歌行》是舞蹈家张雁的舞蹈作品，是第一部以中国古代四大美人——西施、王昭君、貂蝉、杨贵妃为题材的舞蹈电视专题片。这四大美人个个都是天生丽质，倾国倾城。岁月如水，洗尽的是历史的风尘，四大美人真正留给我们的不是那些争斗的硝烟，而是她们作为女性"质本洁来还洁去"的纯真之美。我抓住这个机会，尝试在舞蹈这一艺术形式中塑造四大美人的形象，力图通过找到四大美人的个性与共性，把古代美与现代美结合，这也是一次将舞蹈与电视这一媒介、摄像、舞美、化妆结合的艺术探索。这种创新需要勇气，因为我明白"艺术之路，为勇者而开"。

　　张雁是1989年我在王扶林导演的电视剧《庄妃轶事》剧组工作时认识的。她很漂亮，形象、气质俱佳，可惜进组时拍摄已经到了后期，没有发挥空间的角色了。我给她化过一个嫔妃装，但这个角色没什么台词，她就很遗憾地离开剧组了。但是我们彼此留下了很好的印象。后来中央电视台的邓在军导演拍《毛泽东诗词》时，我们又一次合作，这次合作为我们以后合作《绝代长歌行》奠定了基础。

🔥 邓在军导演执导的《毛泽东诗词》

● 《西部之舞——敦煌云中》舞者李红

丽姿多秋舞唐风

203

●《西部之舞——敦煌云中》剧照

舞蹈家史敏表演的《敦煌不觉眠》

秾丽多姿舞唐风

唐风流韵

206

● 我临摹的永乐宫壁画

秾丽多姿 舞唐风

207

◦ 我临摹的永乐宫壁画

2004年初夏，张雁告诉我，她要拍一部以四大美人为题材的专题片，舞蹈导演是房进激、黄少淑，舞蹈编导是丁伟、杨威、刘琦，电视导演是中央电视台的白志群，摄像是姚尧。好的创意，好的舞蹈，好的班子，好的演员，中国的四大美人又是我魂牵梦绕的题材，还有比这更让人愉快的合作吗！

这部专题片叫《绝代长歌行》，它是一部跨越千年时空的作品，把不同朝代、不同个性的人物、不同历史事件、不同风姿的四大美人有机地联结在一起，以舞蹈的形式表现她们凄美的命运。考虑到其特别的戏剧结构和艺术形式，在化妆时，我不追求张扬的造型，更不想依靠过去戏曲和绘画中展示的模式化形象，而是追求舞蹈造型的古典美和叙事性。我拍的是电视舞蹈艺术片，必须塑造出纯真而不造作的造型，使自然美和中国古典舞艺术有机结合。设计造型时我力图平衡时代特色、色彩搭配、剧情要求等各种因素，摒弃模式化造型，时刻把分寸放在心上。

电视舞蹈可理解为一种将舞蹈艺术与电视传播手段相结合的艺术形式，是舞蹈艺术新兴的一个创作领域。电视舞蹈化妆具有区别于传统的生活舞蹈化妆和舞台舞蹈化妆的不同的创作规律。

西施吟

吴越溪边漫烟云，露上枝头天晓晴。

浣纱女儿无羞色，纱飞纱落任春风。

春秋末期，越国苎萝村（今浙江诸暨南）青山绿水之间，生长着苎麻。在薄雾中，西施手提小小的竹篮到溪边浣纱。她容貌绝美，粉面桃花，浣纱溪清澈的河水映照着她俊秀的面庞，使她显得更加美丽动人。这时鱼儿因看见她的美貌而忘记了游水，渐渐地沉到河底。所以，自古人们形容西施有"沉鱼"的绝美之容。

西施从小就美名远扬，人们形容她的美"一颦一笑均惹人""淡妆浓抹总相宜"，形容她的身段"增半分嫌腴，减半分则瘦"。这种恰到好处的"相宜"

西施（张雁饰）浣纱造型

丽姿唐风
秾多舞

道出了西施与别的美人不同的美——自然美。

那么，舞蹈家张雁在《绝代长歌行》中，要如何不靠脂粉，不靠首饰，就塑造出一个清纯的绝代佳人——西施呢？这无疑是给化妆师出了一个很大的难题。

我牢牢抓住"淡妆浓抹总相宜"中的"淡妆"，结合"西施浣纱图"中其造型的特点，以浅淡的底妆表现清新明艳的山村少女的天生丽质，在眉、眼、嘴的化法上，则极尽精雕细刻之能事，像绣花一般精细。从眉毛的形状及色彩，明媚的俊眸，睫毛的选用，脸形的修饰，发型的梳理，到首饰的点缀，无一敢疏忽。细小之处在她的左手腕上，我设计了一个野花编缀的小花串，点明她是在山水之间的浣纱女。发型上，我则使用了歪梳的倭堕小髻，并在一侧加了四个小发环，在轻盈简洁中赋予发式一些变化。所做的这一切都仿佛融在中国水墨淡彩画的风格中，于是，一个自然清纯的绝美西施就诞生了。

昭君咏

投眼塞外绝人烟，秋波锁定朔风寒。

锦红飞篷暖不住，雪白迷茫万里山。

去和番的路上白雪皑皑，一片银装素裹。"明妃初出汉宫时，泪湿春风鬓角垂。"发插四根长长的翎子，头戴"昭君套"，身披大红斗篷的王昭君，背衬皑皑雪山，站在茫茫雪原之上回望故土。她身披的大红斗篷与背后的皑皑白雪红白相映，显得分外妖娆。

我想要塑造一位与众不同的王昭君，因此创作时我参考了工笔重彩画，将她那高贵的气质和刚正不阿的傲骨淋漓尽致地表现出来。《无名女郎》的画像也给了我创作的灵感。我在上小学时，每当路过画店，都要盯着一幅叫《无名女郎》的画专注地看上几眼，后来才知道那是一幅名画。画家高超的技艺，每一个笔触，每一个细节，都揭示了人物的内心世界。画中人物那大气、漂亮的五官，笔直的鼻梁，紧闭的双唇，压在眉梢斜戴的帽子及露出的略带卷曲

丽姿多彩
舞唐风

211

的黑发，俯视的眼神，无不表现出人物不同凡响的气质和身份。多少年过去了，这次创作王昭君时，画中的人物形象又浮现在我的眼前。王昭君是以汉室公主身份出塞的，她高贵的身份和傲气与无名女郎多么相像，她的昭君套也与无名女郎的帽子有几分相似。

说起昭君套，相传为昭君出塞时所戴，故称。在京剧《文姬归汉》中，某个人物造型除了有两条类似昭君套的白色长貂尾外，华丽的盔头上还插了翎子，给角色平添了不少魅力。千锤百炼的戏剧造型也是我们取之不尽、用之不竭的宝库。使用翎子不仅可以突出舞蹈动作，还能点明"和番"的主题，岂不一举两得！戏曲中的造型一般用两根翎子，而我在昭君的头上增加到四根，这种夸张的装饰手法来自敦煌壁画美学中的技法。

造型的张力在故事结尾时得到进一步的展现。舞蹈结尾镜头的景别是远景，只见王昭君身披特长的大红斗篷，从乐池走向舞台后面的平台。斗篷随演员的走动，在银白的天地之间，呈三角形铺满全台。高耸于头顶的翎子和长长的白色貂尾拖在大红斗篷后面，与白皑皑的天地相呼应。之后，镜头从远景慢慢推至昭君的近景，昭君在平台上转头。和番的路，就像红斗篷，从京城延伸到外域他乡。从镜头语言上来看，走得越来越远的她，留恋地回头远眺家乡，把复杂而深情的眼神留给了观众。故事在凄美的氛围中结束。连天边飞过的大雁，都感伤地纷纷掉落在地上，应了古人用"落雁"来形容她一生的凄美与壮丽。这样的结尾令人回味无穷。王昭君的远嫁换来了边疆的片刻安定，元帝的和番政策使王昭君成了中国历史上最著名的"政治新娘"。

在《昭君咏》中间还有一段类似闪回的处理，昭君脱去了斗篷，穿的是粉色丝绸舞服，仿佛回到了过去的生活。此时的昭君舞出了少女的恬美与欢乐，舞出了对未来生活的美好憧憬，舞出了入宫后的哀怨和感伤。这段舞蹈造型的设计思路基于返璞归真的理念，并参考了传统绘画的工笔淡彩。使用"轻梳小髻号慵来"的"慵来式"发型，素雅又轻便；精致、清晰的妆面，五官柔丽、俊美，有略带哀怨的古典之美；额饰、头饰以素白为主，头上两条粉色丝绦与服装呼应，点缀着象征宫廷的金色；双腕戴珍珠穿缀的腕饰，素雅高贵。

丽姿唐风
秋多舞

213

貂蝉唱

黑纱帷幕十二层，高烛艳妆为谁浓。
今朝红颜博一笑，他日何处归香魂。

貂蝉是《三国演义》中的人物，汉王室"三公"之一王允府中养的歌妓。她国色天香，能歌善舞，心思缜密，而且善于察言观色。据说，貂蝉在后花园拜月时，连月亮都比不过她的美丽，赶紧躲进云彩后面，因此人们用"闭月"来形容她的魅力。

舞蹈编导用两把椅子暗指董卓与吕布，舞蹈在别出心裁的设计中展开。舞蹈家张雁舞于虚拟的董卓与吕布之间，出色地诠释了两个不同身份的人物——歌妓与小姐，报董卓以妩媚，送吕布以秋波，离间了这对"父子"，完成了王允的连环计。

关于貂蝉的妆造，为了突出表现"美人计"，我主要采用了三种颜色——黑、金、红。头发发髻的黑，首饰的金，发式装饰的红丝绦，艳丽性感的红唇，红白相间的手镯，大红的指甲……在夜景里，凸显出了她的神秘、妖冶、性感、魅惑和富有心计。在妆面上，我吸收了时尚彩妆的化法，大胆使用色彩：为了突出眼睛，除了使用夸张的上下假睫毛外，还采用了小烟熏妆，以增加眼睛的魅力；用大红唇膏，使嘴唇红艳欲滴，圆润并富有弹性，十分性感。发式用的是汉代流行的飞天髻，金与红在大面积黑色的衬托下，越发显得首饰、服饰、配饰华贵精美，使貂蝉浑身上下处处都流露出"绝色女间谍"的诱惑力。

妖冶的貂蝉（张雁饰）

丽姿多舞唐风
秾

215

头梳飞天髻的貂蝉（张雁饰）

唐风流韵

216

● 头梳飞天髻的貂蝉（张雁饰）

丽姿唐风
称多姿舞
217

贵妃叹

冰洁丽质雍容贵，回眸一笑百媚生。
天长地久情何在，绵绵无期遗永恨。

杨贵妃，小字玉环，蒲州永乐（今山西芮城西南）人，天生丰腴丽质，美艳绝伦。相传，有一天，她到花园赏花散心，觉得自己虚度青春，声泪俱下。她刚一摸花，花瓣立即收缩，绿叶也卷起来了，从此杨贵妃也就有了"羞花"的美誉。她初为玄宗子寿王瑁妃，后在唐玄宗的极度宠爱下被他封为贵妃。其歌舞技艺高超，身姿曼妙无比，令玄宗沉迷。白居易的《长恨歌》中就有"天生丽质难自弃，一朝选在君王侧。回眸一笑百媚生，六宫粉黛无颜色。春寒赐浴华清池，温泉水滑洗凝脂。侍儿扶起娇无力，始是新承恩泽时"的句子。安史之乱时，杨贵妃被迫自缢于马嵬坡下。

舞蹈表现了"贵妃受宠""赐浴华清池""贵妃之死"的场景。"贵妃叹"对应着两个造型，第一段是"三千宠爱在一身"，此时的杨贵妃造型的主色调是金与橘红，二十四支蔽发玉叶金钗，是身份的象征，头顶盛开的大朵金黄牡丹，可以表现"三千宠爱在一身"的雍容与华贵。她的妆面设计也紧抓绝美、雍容、大气、性感的特点，配合额间花钿、发型、四蝶花步摇及不多的几件首饰，表现出极度的奢华与高贵。

第二段是"赐浴华清池"，我在她额间设计了梅花花钿，使她显得万般妩媚。发型上，倭堕髻轻梳，松散歪在一旁的发髻表现出"娇无力"的娇羞与美艳。"赐浴"这场戏表现了贵妃的欢快与童真。此段的服装布料很少，基本上是半裸的造型。唐代的敦煌艺术展示了审美的新理念——菩萨造像时讲究丰腴美，这使我对唐代"以胖为美"的审美有了新的理解。新疆维吾尔自治区克孜尔石窟壁画"降魔变"中以色相勾引佛祖的魔女形象，也给了我很大的启迪。基本全裸的魔女身上有许多恰到好处的挂饰，使魔女看起来华丽无比。

中国人的审美偏向于朦胧含蓄，不喜欢太暴露的形象，所以我在贵妃的颈、胸、臂用了挂饰。在现场拍摄时，我看到贵妃腰下只有斜的腰裙，露出两条

《贵妃颂》中贵妃（张雁饰）受宠时的造型

丽姿唐风 秾多舞

● 克孜尔千佛洞壁画

▸ "赐浴华清池"时贵妃（张雁饰）的造型

白白的大腿，整个造型不太协调，便与演员沟通在腰间垂坠四条白纱作为装饰。大腿在纱后似隐似现，配上干冰制造出的烟雾，演员在舞动时似出水芙蓉，打造出充满了朦胧美、含蓄美的艺术效果。

《绝代长歌行》以四大美人为歌颂对象，而四大美人又是中国古代题材中美的象征，可以说，《绝代长歌行》是美的绝唱！

《唐风流韵》

🌸 1990年，应导演陈家林邀请，我在大型电视连续剧《唐明皇》和电影《杨贵妃》中担任发型设计师。唐代舞蹈专题片《唐风流韵》正是这两部影视剧的副产品。电视剧《唐明皇》一共拍摄了二十八段唐舞，这些唐舞都重新单独录制并收录在《唐风流韵》中。从编舞、排练到拍摄均由北京舞蹈学院完成，吕逸生院长亲自挂帅，把它作为唐代舞蹈研究的课题来对待。大型舞蹈《如意娘舞》《光圣乐舞》《庆善舞》《踏歌舞》《凌波舞》《女子破阵乐》《胡旋舞》《龟兹舞》《南诏蛮舞》《绿腰舞》《剑器舞》等（以上舞名均以剧中出现的命名为准）全部由北京舞蹈学院最优秀的专家编舞，由古典舞表演系的同学演出，全面展现了唐代舞蹈的气韵，阵容虽不能说绝于后，但至今是冠于前的。

专题片《唐风流韵》第一次系统地将唐代舞蹈搬上电视屏幕，在很多次国内外的交流活动中，其极具东方美的妆造获得了极高的评价。

唐代是一个让后人骄傲的时代，它在文学艺术上，特别是诗歌、音乐、舞蹈等方面，取得了辉煌的成就，达到了相当高的艺术水准。就舞蹈来说，在我国封建社会时期，唐代是发展的高峰。唐代的舞蹈分为抒情性强、优美婉转、节奏比较舒缓的"软舞"以及动作劲健矫捷、节奏明快的"健舞"两类。在拍摄《唐明皇》和《杨贵妃》时，舞蹈是按剧情的需要拍摄的，各个舞蹈没有被完整地跳出来，否则就可以直接剪出一部《唐代舞蹈》。后来虽然补拍了

●《唐明皇》剧照

重要的舞蹈片段，但遗憾的是已经没有当时拍戏时的气氛和辉煌大气的置景了。

电视剧《唐明皇》中的二十八段唐舞，其名称的故事在典籍里大多能查到，比如《如意娘舞》《胡旋舞》《剑器舞》《霓裳羽衣舞》等，丰富多彩的舞蹈反映了大唐盛世艺术的高度发达。

为了这些唐代舞蹈的造型，我跑遍了能找到的书店、图书馆，拜访了无数老师和专家。那时复印机很罕见，资料基本靠手抄、笔画，为此我还建立了读书卡片。在书店里见到需要的图书，我便会立刻买下来。有去甘肃、陕西的机会，我总是有目的地带着课题前去，一有空就去陕西省博物馆（现陕西历史博物馆），和工作人员交朋友，搜寻了不少典籍和形象相关的资料。

● 我为《唐明皇》二十八段舞蹈之一的《六巫女》手绘的设计图

● 我为《唐明皇》二十八段舞蹈之一的《南诏蛮舞》手绘的设计图

丽姿多彩舞唐风

225

《唐明皇》剧照

印度舞蹈《波罗门》

一舞剑器动四方

剑器舞是唐代健舞的代表。晚唐郑嵎所作的《津阳门诗》中写道："公孙剑伎方神奇。"并自注说："有公孙大娘舞剑，当时号为雄妙。"剑器舞是一种执剑而舞的舞蹈，人舞起来有一种雄健刚劲的姿态。

公孙大娘是开元盛世时唐宫的第一舞人，她表演的《剑器舞》风靡一时，名震四方。据说当年草圣张旭就是因为观看了公孙大娘的剑器舞而茅塞顿开，成就了落笔走龙蛇的绝世书法。杜甫在小时候目睹过公孙大娘的剑器舞，几十年后，又观看了公孙大娘的弟子李十二娘舞的剑器舞。李十二娘锦衣玉貌，身姿矫若游龙，一曲剑器舞，挥洒出了大唐盛世的万千气象。杜公曾有诗，题为《观公孙大娘弟子舞剑器行》，写尽当年公孙大娘作剑器舞的盛况。

> 昔有佳人公孙氏，一舞剑器动四方。
> 观者如山色沮丧，天地为之久低昂。
> 㸌如羿射九日落，矫如群帝骖龙翔。
> 来如雷霆收震怒，罢如江海凝清光。
> 绛唇珠袖两寂寞，况有弟子传芬芳。
> 临颍美人在白帝，妙舞此曲神扬扬。
> 与余问答既有以，感时抚事增惋伤。
> 先帝侍女八千人，公孙剑器初第一。
> 五十年间似反掌，风尘倾动昏王室。
> 梨园弟子散如烟，女乐馀姿映寒日。
> 金粟堆南木已拱，瞿唐石城草萧瑟。
> 玳筵急管曲复终，乐极哀来月东出。
> 老夫不知其所往，足茧荒山转愁疾。

这首诗的序给我的造型提供了依据，那就是"玉貌锦衣"，当时许多女子喜爱这种军装风格，司空图《剑器》一诗曰："楼下公孙昔擅场，空教女子爱军装。""不爱红装爱武装"成为当时的一种流行趋势。而剑器舞的冠，我是从莫高窟220窟壁画中的乐舞服饰汲取的灵感。

《唐风流韵》中的《剑器舞》是由北京舞蹈学院史敏老师表演的，她是《丝路花雨》中英娘的扮演者之一。凭借出色的基本功，游刃有余的力度和柔韧性，她把剑器舞得出神入化，时而翻江倒海，时而矫若游龙。那矫健、奔放、快速的连续舞动，如同雷霆袭来。最精彩的部分是突然静止的亮相，姿态稳健沉毅，如平静无波的江海凝聚着清光，使观众为之变色，天地久久不定，那真是一场气势磅礴、动人心魄的健舞！

◈ 莫高窟第 220 窟壁画中的乐舞服饰

◈ 我为公孙大娘扮演者史敏化妆

史敏扮演的公孙大娘

丽姿唐风
秾多舞

急转如风《胡旋舞》

胡旋舞是唐代著名的西北少数民族舞蹈，节奏鲜明，风格活泼明快，舞蹈动作变化丰富，以连续、快速的多圈旋转动作显示舞者的高超技艺。白居易《胡旋女》一诗中曾提到"胡旋女，出康居"，康居约在今乌兹别克斯坦境内，所以说胡旋舞是从中亚传来的富有民族特色的舞蹈。当年《九部乐》《十部乐》中的《康国乐》舞蹈"急转如风"，左旋右转，因此得名。在白居易的诗中还有对胡旋舞的描述："胡旋女，胡旋女。心应弦，手应鼓。弦鼓一声双袖举，回雪飘飖转蓬舞。左旋右转不知疲，千匝万周无已时。人间物类无可比，奔车轮缓旋风迟。"鼓声响起来，胡旋女应着节奏轻举舞袖，像雪花在空中飘摇，像蓬草在迎风飞舞，左旋右转，一点儿也不觉得疲劳。元稹也有诗描述过这个舞蹈旋转的特点："骊珠迸珥逐飞星，虹晕轻巾掣流电。潜鲸暗吸笪波海，回风乱舞当空霰。万过其谁辨始终，四座安能分背面。"意思是转了不知有多少圈，好像她不会停下来，转得又那么快，观众不能分清她的背和脸。这是一种流行了近三百年且一直盛行不衰的舞蹈，西域游牧民族那豪放、开朗的民族性格及矫健、明快、活泼、俊俏的舞蹈风貌，与当时开放、向上的时代精神相契合，符合当时人们的欣赏趣味和审美需求。它一出现，立即风靡一时，甚至传到了宫廷，"臣妾人人学圜转"，使宫廷中人达到痴迷的程度。

▶ 杨玉瑶（廖学秋饰）和安禄山（颜彼得饰）共舞胡旋舞

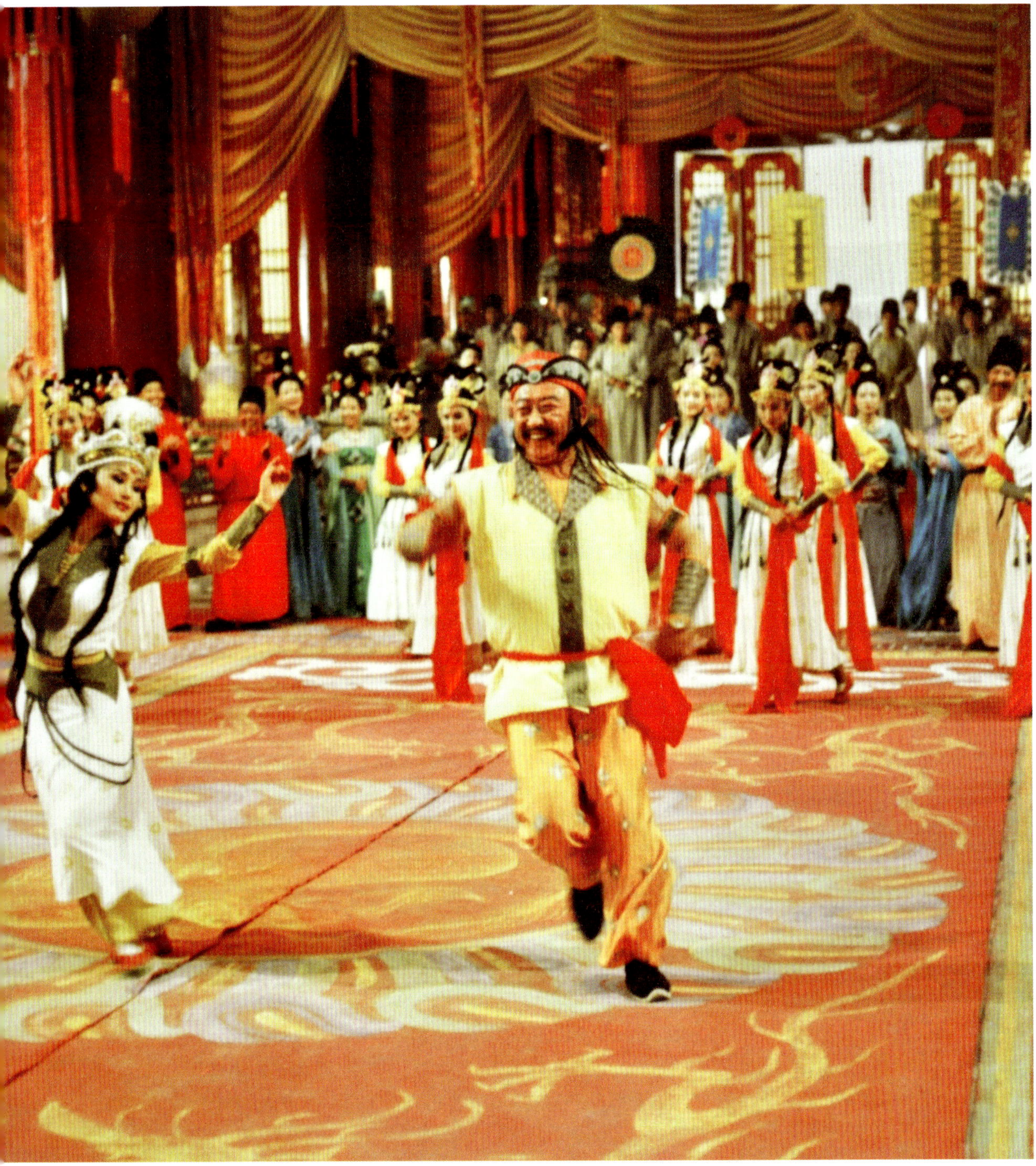

▲ 莫高窟第 220 窟中的伎乐天　　▲ 杨贵妃（林芳兵饰）跳胡旋舞

据说杨玉环、节度使安禄山、武延秀（武则天的侄孙、安乐公主的丈夫）都是胡旋舞高手。影视剧中这样的舞蹈片段不少，如杨玉环的胡旋独舞、多人胡旋舞，还有杨玉瑶与安禄山双人领舞的胡旋舞。演员们的妆造可以用"慢脸娇娥纤复秾，轻罗金缕花葱茏"来形容，她们身着柔软贴身的舞衣，轻纱上绣着繁茂的花朵图案，腰间束着佩带，披着轻飘飘的纱巾，戴着闪亮的有异域特色的夸张饰品，舞起来时显得特别明艳动人。造型可参照敦煌莫高窟第 220 窟"药师经变"中的两组舞伎，他们在小圆毯上相对而舞，上身着锦，下穿长裤，外罩薄纱裙，头戴宝石冠，肩披长飘带。

电视剧中还展现了表情生动、富有青春活力、令人耳目一新的胡腾舞和龟兹乐舞。男子舞蹈——胡腾舞也是从中亚传来的，史料中说，这种舞从西域石国（今乌兹别克斯坦的塔什干一带）传来，表演者多是"肌肤如玉鼻如锥"的胡人。胡腾儿头戴尖顶珠帽，身穿窄袖"胡衫"，并把前后衣襟卷起，腰间束着的有葡萄花纹的长腰带垂在身体的一侧，脚穿柔软华丽的锦靴。舞者的

电视剧《唐明皇》身着胡服的杨玉环（林芳兵饰）

绚丽多姿 舞唐风

233

表情生动自如，"扬眉动目踏花毡"。舞蹈动作非常激烈，以至"红汗交流珠帽偏"。在这个舞蹈的造型上，为了增强舞蹈的动感，我们给演员设计了一条拿在手中的深宝蓝色的长飘带，它是用一大块圆形布料转圈裁剪而成的，剪成的彩带里面穿有细的玻璃丝，边缘呈波浪状，演员旋转着舞动起来时非常漂亮。

龟兹乐起源于古龟兹国，后传入中原，深受中原人民喜爱。到了唐代，龟兹乐的影响更大，当时新创的许多乐舞都大量地吸收了它的"养分"。唐代风靡一时的龟兹乐舞具有欢快的节奏和优美的舞姿，在艺术上达到了相当高的水平。龟兹乐舞演员的妆造除有敦煌壁画中的许多乐舞形象可以作为依据外，我们还从新疆维吾尔自治区的克孜尔石窟壁画中得到很多的形象资料。壁画中的人物高鼻深目、服饰奇特，充满了异域风情，给唐代舞蹈的妆造增添了新的变化。

◊ 剧照

◊ 电视剧《唐明皇》中舞者在梨园跳《龟兹舞》

电视剧《唐明皇》中杨贵妃（林芳兵饰）在梨园跳《龟兹舞》

丽姿唐风 浓多舞

轻盈柔美《绿腰舞》

《绿腰》是唐代软舞中的代表作,根据乐曲《六幺》(又名《录要》《乐世》)编创,为女子独舞。该舞的节奏由慢到快,舞姿轻盈柔美。《六幺》乐曲流传很广,白居易《杨柳枝》中有云:"六幺水调家家唱。"《琵琶行》亦云:"初为霓裳后六幺。"南唐画家顾闳中《韩熙载夜宴图》有王屋山舞《绿腰》的场面。唐代诗人李群玉作《长沙九日登东楼观舞》诗:

> 南国有佳人,轻盈绿腰舞。
> 华筵九秋暮,飞袂拂云雨。
> 翩如兰苕翠,宛如游龙举。
> 越艳罢前溪,吴姬停白纻。
> 慢态不能穷,繁姿曲向终。
> 低回莲破浪,凌乱雪萦风。
> 坠珥时流盼,修裾欲溯空。
> 唯愁捉不住,飞去逐惊鸿。

该诗生动地描写了《绿腰》节奏由徐缓转急速的变化,舞者流畅的舞步宛如游龙,优美的舞姿变幻无穷。低回处如出水的莲花。急舞时如风中飞舞的雪花,修长的衣襟随风飘起,好像要乘风飞去,追逐那惊飞的鸿鸟。

南唐·顾闳中《韩熙载夜宴图》

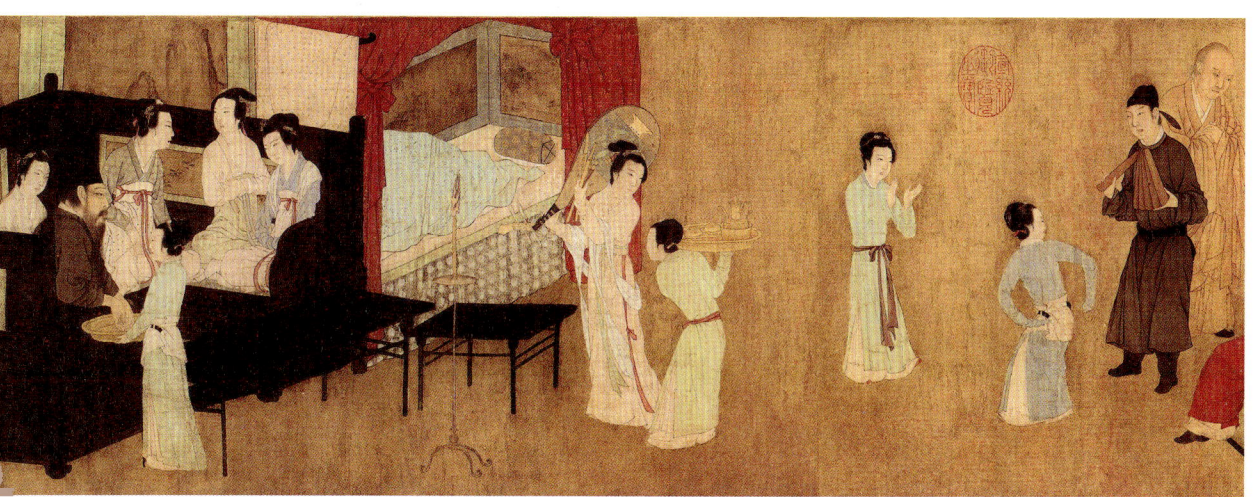

熙載風流清
為天官侍郎以
俳為時論所誚
寫真此圖

▲ 电视剧《唐明皇》中赵丽娘（周洁饰）舞《绿腰舞》

    在电视剧《唐明皇》中，赵丽娘在潞州的刺史府初见李隆基时，青春娇艳、一袭盛装的她舞了一曲《绿腰舞》（剧中名）。在剧中，赵丽娘用丰富的肢体语言与妩媚的眼神表达了对李隆基深深的爱慕之情。饰演赵丽娘的舞蹈家周洁在舞蹈时千娇百媚、风情万种，成功地用一段舞蹈省去了一大段谈情说爱的戏。这段精彩的演绎不仅使李隆基不能自拔，也给观众留下了深刻的印象。周洁娴熟地把握舞蹈叙事抒情的特点，利用优美舒缓的舞蹈，将赵丽娘初次见到李隆基

▲ 电视剧《唐明皇》中赵丽妃（周洁饰）表演《绿腰舞》

时的柔情温婉表现得淋漓尽致。赵丽娘此时的身份是刺史府的家伎，发型是侧梳的飞天髻。她佩戴的首饰与发髻的方向一致，显得人既妩媚又乖巧。

赵丽娘封妃后，又舞了一次《绿腰舞》。我记得导演解释这段舞蹈时曾说："这是一段华尔兹。"在这段舞中，她舞得飘然灵动，舞得落落大方，全身心地沉浸在"集万千宠爱于一身"的幸福喜悦之中，为后面失宠的悲剧埋下了戏剧冲突。

出水芙蓉《凌波舞》

关于《凌波曲》的创制，有一个非常美丽的神话故事。相传唐玄宗在东都（今河南洛阳）曾梦到一女子，她容貌非常艳丽，头梳交心髻，身穿大袖宽衣，来到床前拜道："我是凌波池中的龙女，卫宫护驾有功。陛下通晓音律，请赐一曲给我们龙族吧！"玄宗便用胡琴奏了一曲。而后龙女拜谢而去。唐玄宗醒来后，还完全记得梦中所奏的曲调，于是同宫中的乐师们一起排练了这首乐曲，即成《凌波曲》，并与文武臣僚在凌波池边演奏。忽然，池中涌起波涛，一个女子出现在池心，正是他梦中所见的龙女。因此玄宗于池边了一座建庙宇，每年祭祀。

《明皇杂录·补遗》中记载："新丰市有女伶曰谢阿蛮，善舞凌波曲。"意思是新丰市一个叫谢阿蛮的女伶非常擅长跳凌波曲。据说她表演时，唐玄宗的哥哥宁王吹笛，杨贵妃弹琵琶，还有多位著名艺人伴奏，而唐玄宗则亲自打羯鼓。

电影《杨贵妃》中，杨玉环入宫后有一段充满诗情画意的舞蹈场景：夏夜，荷塘烟雾缭绕，盛开的荷花在水中摇曳，而后水中的荷花缓缓升起，大家转过身，原来是一群头顶荷花、荷叶的凌波仙子。这正是由著名舞蹈家周洁领舞表演的女子群舞《凌波舞》（剧中名）。

当时的拍摄地在香山。在一处三面环水的水榭中，舞蹈演员身着白衣、绿裙和深绿色的披帛，展现的是绿荷托白莲的意象。在我的设计中，帽子就是一片大荷叶，

● 杨玉环（周洁饰）领舞《凌波舞》

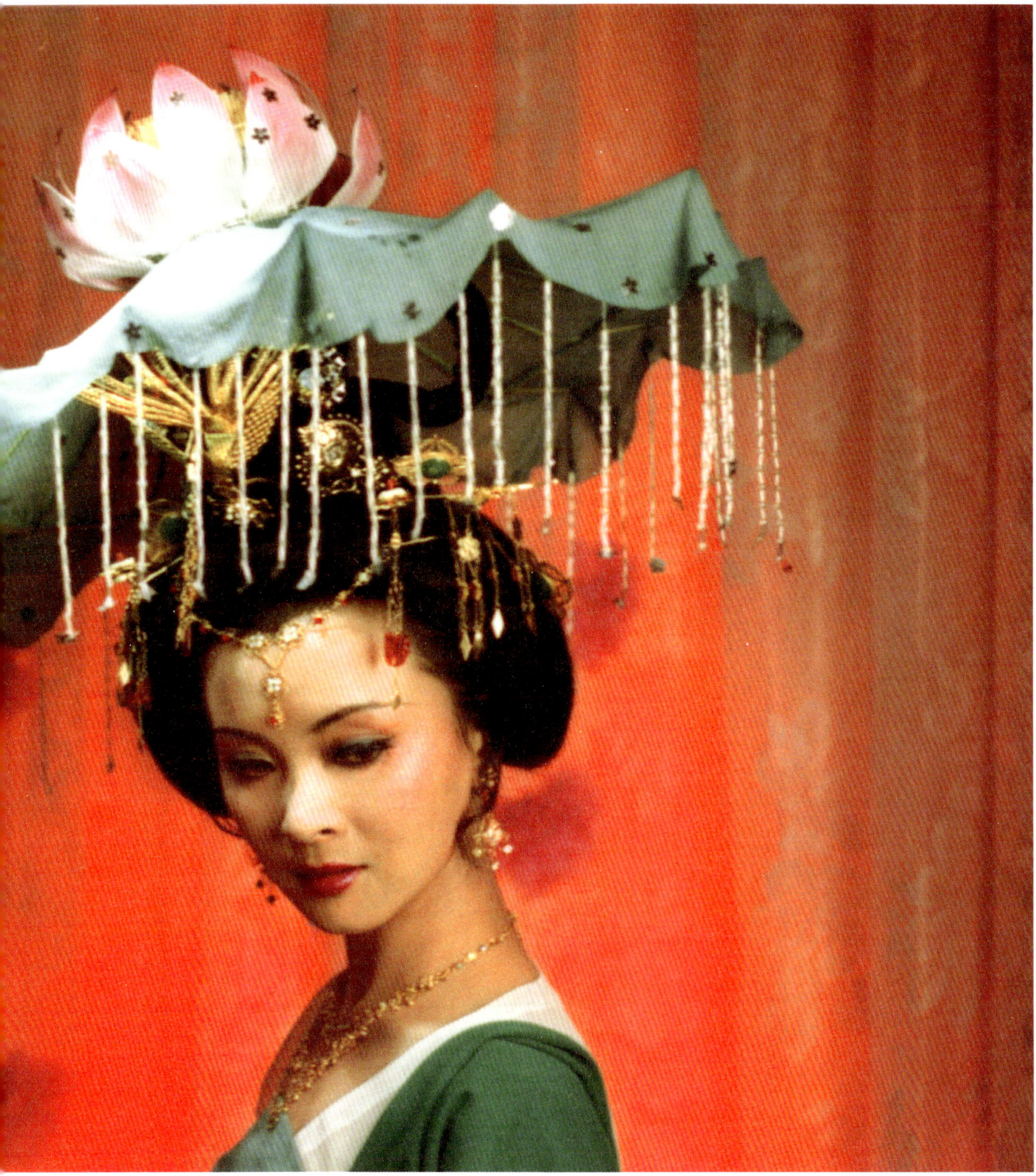

杨玉环（周洁饰）跳《凌波舞》

唐风流韵

242

顶上是一朵盛开的荷花，我还在荷叶帽的边沿缀上了一条条银白闪亮的玻璃珠，看起来像是沿着荷叶滴下的一串串水珠。我的习惯是设计造型前先看一遍舞蹈或者事先与编导沟通，了解该舞蹈的内容以及编导对舞蹈造型有什么要求。《杨贵妃》是个大剧组，在拍摄前的筹备期间，大家就要做好全部的准备工作。这场戏的拍摄时间是晚上，我当时也在拍摄现场。我完全没想到，一开始演员全部背对镜头，蹲在水榭里。然后，演员们的脚下升起了干冰制造出的烟雾，随着烟雾散开，荷叶帽若隐若现，朵朵荷花在池中随风摇曳。这个景象出乎我的意料，让我激动不已，真是好美的画面！此时，演员们仍旧背身，然后缓缓站起，就在一瞬间，大家同时转过身来，银珠如露珠随帽而动，不停闪烁。她们迈着碎步，脚下的干冰烟雾和水面上的水雾融为一体，让人分不清哪是水榭，哪是湖面。舞蹈者们个个都有出水芙蓉般的美貌，我这样说完全没有言过其实。

我的习惯是设计造型前先看一遍舞蹈或者事先与编导沟通，了解该舞蹈的内容以及编导对舞蹈造型有什么要求。

丽姿秾多舞唐风

异国情调《南诏蛮舞》

电视剧《唐明皇》里还有一段有特色造型的舞蹈《南诏蛮舞》，这是一段独舞。在《唐会要·卷九十九》中有关于南诏的叙述，《南诏录》三卷中也有南诏的史料。

我少年时，看过泰国、柬埔寨、老挝的艺术代表团来华的演出。那些演员身着紧紧包裹着双腿的筒裙，很有特色，宫廷舞蹈的妆容、服装、冠饰、首饰更是豪华艳丽。当时，我被他们的轻歌曼舞和异国情调所吸引，欣赏着别具异国风情的艺术，如入梦境一般。少年时的记忆深深地埋藏在我的心里。几十年后，《唐明皇》给我提供了这个机会，让我有了一个为这样的舞蹈使出浑身解数的机会，实现我少年时为这样的舞者做造型的梦想。我年轻时曾经如醉如痴地看过那么多的经典舞剧，如《天鹅湖》《吉赛尔》《堂吉诃德》《海侠》《鱼美人》……这些舞剧中的造型，无疑是我学习、借鉴的素材与榜样。

设计发式前，我先看了《南诏蛮舞》的服装设计图，属东南亚风格。我除了在宝冠上加装一些宝石装饰外，还在宝冠左右两鬓的上方加上两排金色水波纹的长链条，链条可垂至胸部，并搭配具有异域风情的耳环、项链、手镯、脚镯，从而增加装饰性和演员舞蹈时的动感。为了增加手的表现力和体现民族风格，我用了夸张的设计手法，让演员双手十指都戴上金色的长甲套，使手指看起来更加修长。为了增加装饰感、美感、动感，每一个长甲的前端都有一只精致的小铃铛，演员双手上下舞动起来，可以发出叮叮当当的清脆悦耳的响声。我设计的手镯、脚镯都不止一只，而是十几只。手镯按大小排列，当演员的手臂上举时，它们会一个一个排列在手臂上；当手臂上下左右舞动时，金属碰击起来会发出清脆悦耳的声响。

创作的激情与喜悦让我沉迷于化妆中无法自拔，化妆台旁看我化妆的人也看得津津有味。最后，我还在演员的肚脐眼儿里粘了一颗宝石。费了这么大的劲，我想：拍摄时导演要是没看见怎么办？或者导演看见了，却没拍这些细

电视剧《唐明皇》中《南诏蛮舞》的表演画面

丽姿唐风
秋多舞

节怎么办？不行！我得带着演员找导演要镜头去！来到拍摄现场，我请导演审定我的化妆成果。我跟导演说："给不给特写镜头？"导演连忙点头说："给！给！"拍摄时，导演从演员手的金甲特写开始拍，上面的小铃铛清晰可见。演员旋转时，镜头移动，从头上的宝冠，一直拍到脚尖。现场的一位服装组的大姐说："哎呀，我的妈呀，哪儿都拍了，连肚脐眼儿也没放过！"我和导演的共识是，舞蹈、音乐、服饰、妆容都是《唐明皇》中唐代文化底蕴的组成部分，它提高了电视剧的艺术品位和档次。

● 我手绘的《庆善舞》舞者设计图

歌舞升平《庆善舞》

《庆善乐》是赞美唐太宗文德的作品。相传，唐太宗创制了《破阵乐》之后，于贞观六年（公元632年），带领群臣回故居庆善宫，在渭水之滨大摆宴席，并且赏赐了故居附近的居民。他高兴之余写了几首诗，让起居郎吕才配上乐谱，名曰《功成庆善乐》。舞者六十四人，头戴进德冠，着紫裤褶，长袖，漆髻，皮履而舞。后来《庆善乐》修入雅乐，名《九功舞》。

与《破阵乐》不同，《庆善乐》舞蹈安徐，象征以文德服天下而百姓安乐。这正反映了李世民的这一时期的治国策略：以武力取得了政权，用文德来治理国

● 女童舞《庆善舞》

家，用文用武，要随时间而有所不同。

《庆善乐》用的音乐是西凉乐，和动荡山谷、声震百里的《破阵乐》相比，《庆善乐》显得更娴雅。

在电视剧《唐明皇》中，舞蹈编导根据《庆善乐》编排了《庆善舞》。我根据唐代画作中唐人全身着粉色衣装的记载，把表演者变成着粉红色袄裤、梳双丫髻的女童，女童活泼可爱，与迎杨玉环入宫的欢快喜庆的气氛相符。

🔸 舞蹈《女子破阵乐》

《光圣乐舞》与《如意娘舞》

　　电视剧《唐明皇》中,《光圣乐舞》是三十位女子的群舞,它取材于唐代宫廷燕乐中的《光圣乐》,其主题是歌颂唐玄宗粉碎了韦氏的篡权阴谋,光复了李家王朝。该舞在大典时表演,舞者的服装设计很是出彩。舞者头戴华丽的鸟冠,身披大的斗篷,背为一色,里子为像彩虹一样的五色横条。三十名舞者背身向后时斗篷为一色,突然张开双臂转身,满台艳如彩虹,使观者叹为观止。

舞蹈《光圣乐舞》

　　舞蹈《如意娘舞》取材于当年武媚娘在太宗死后入感业寺出家为尼时，写给高宗李治的情诗《如意娘》："看朱成碧思纷纷，憔悴支离为忆君。不信比来长下泪，开箱验取石榴裙。"李治看后感慨万千，后把武媚娘重新接回宫中。这支舞也是三十位女子的群舞。舞者头梳高髻，插着行则动的金步摇，一朵大粉红牡丹簪在头顶，长裙曳地，舞蹈柔婉抒情，歌声寓意深长。该舞属于"软舞"类的舞蹈。

舞蹈《如意娘舞》

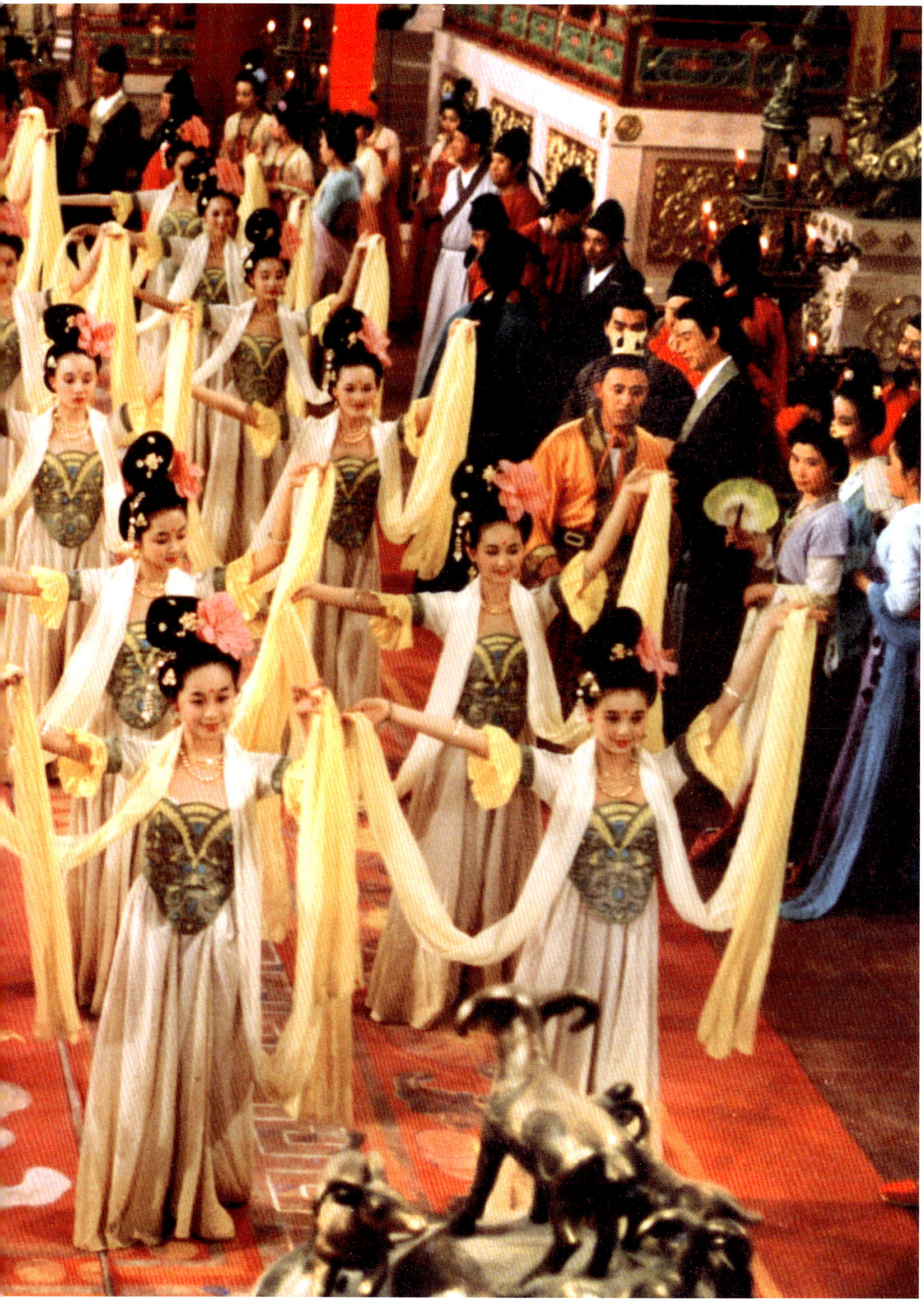

碧云仙曲舞霓裳

《霓裳羽衣曲》，是唐代大型乐舞套曲中的法曲精品，唐歌舞的集大成之作，直到现在，它仍不愧为音乐舞蹈史上一颗璀璨的明珠。

《霓裳羽衣曲》首演于天宝四载（公元745年）唐玄宗册立杨玉环为贵妃进见之日。张祜有《华清宫四首》云："天阙沉沉夜未央，碧云仙曲舞霓裳。一声玉笛向空尽，月满骊山宫漏长。"

该曲在安史之乱后曾一度失传，后来，到五代十国时期，南唐后主李煜得残谱，昭慧后周娥皇与乐师曹生按谱寻声，补缀成曲。

电影《杨贵妃》及电视剧版《唐明皇》中的《霓裳羽衣舞》取材于《霓裳羽衣曲》周洁版的电影中，《霓裳羽衣舞》是四十二人的群舞，林芳兵版的电视剧中，《霓裳羽衣舞》是六十人的群舞，尽管如此，人数比起历史上记载的还是少了许多。

▲ 电影《杨贵妃》（周洁版）中的《霓裳羽衣舞》

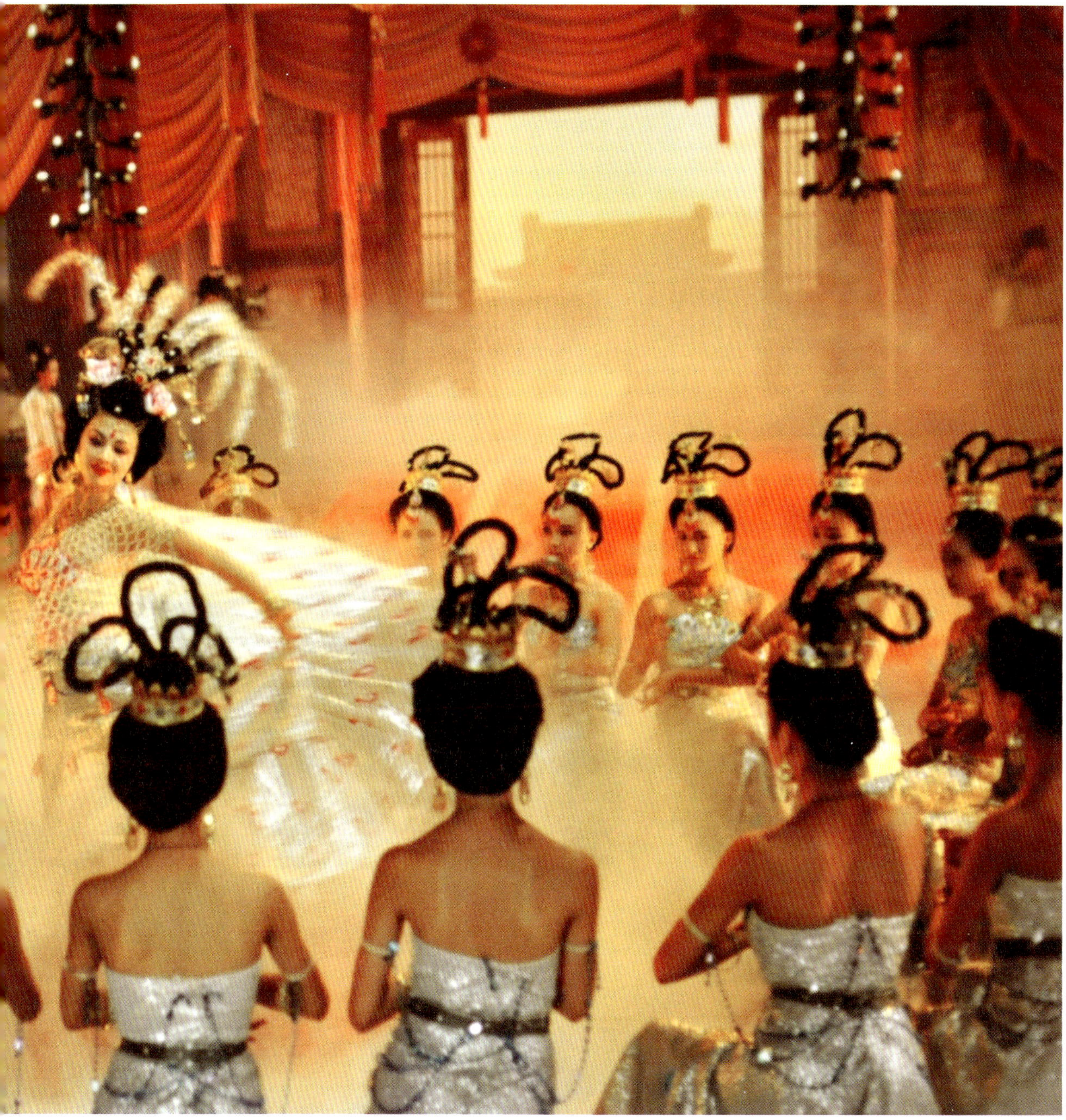

电视剧《唐明皇》（林芳兵版）中的《霓裳羽衣舞》

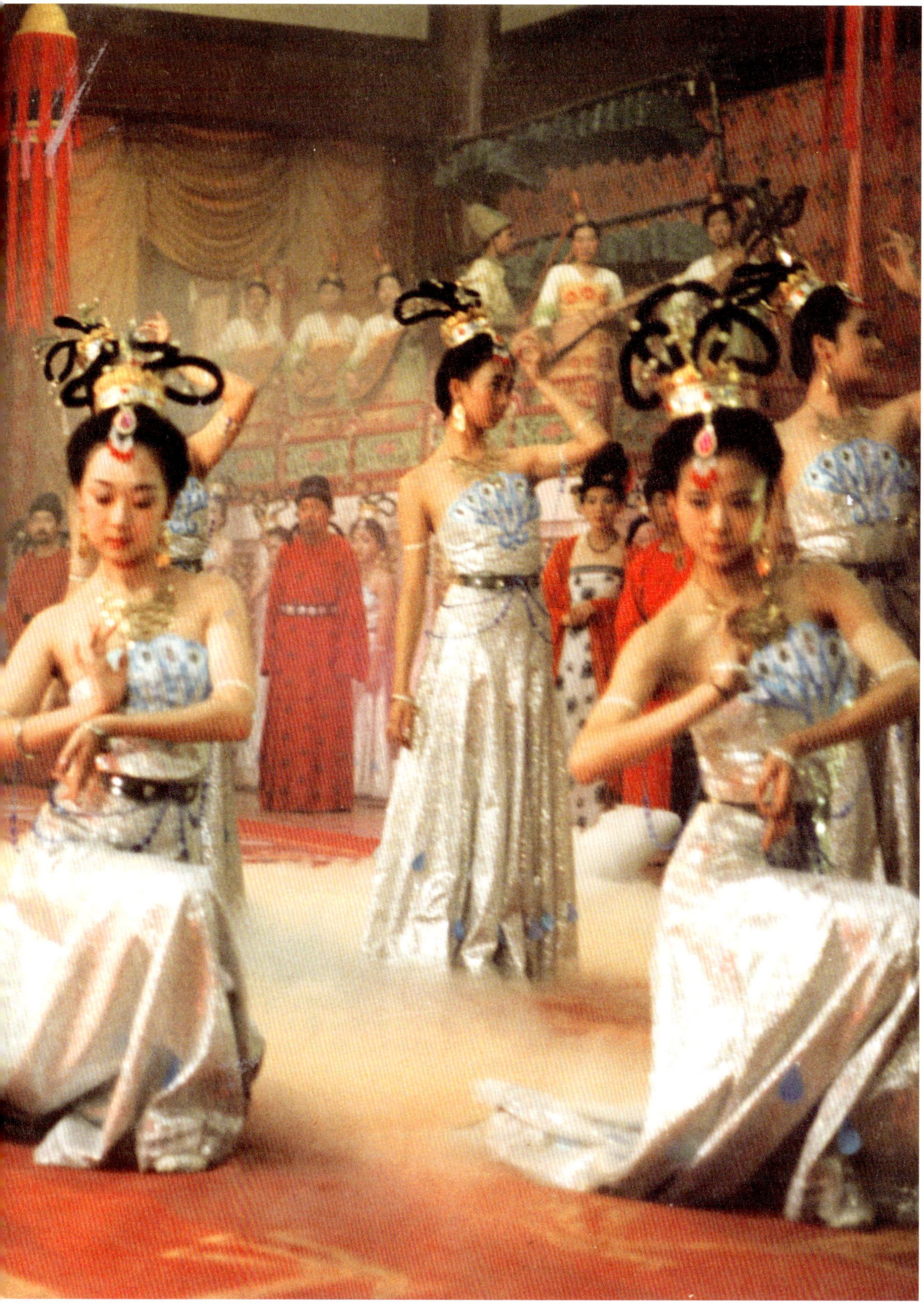

垄上踏歌行

踏歌不是一个舞蹈剧目,而是一种传统民间歌舞形式。它远在两千多年前的汉代就已兴起,到了唐代更是风靡一时。所谓"丰年人乐业,垄上踏歌行",它的母题是民间的"达欢"意识。踏歌,从民间到宫廷,再从宫廷回到民间,其舞蹈形式一直是踏地为节,边歌边舞,这也是自娱性舞蹈的一个主要特征。"春江月出大堤平,堤上女郎连袂行。""新词婉转递相传,振袖倾鬟风露前。月落乌啼云雨散,游童陌上拾花钿。"连唐代诗人刘禹锡也按捺不住自己的诗情,赋上几首《踏歌行》。

剧中舞蹈《踏歌》取材于这种传统的歌舞形式。《踏歌》表现的是阳春三月,碧草依依,一行踏青的少女翠裙垂曳,身姿婀娜,联袂歌舞。在阳光明媚、草青花黄的江南秀色里,她们嘴里唱着欢快的歌曲:"君若天上云,侬似云中鸟,相随相依,映日御风。君若湖中水,侬似水心花,相亲相恋,浴月弄影。人间缘何聚散?人间何由悲欢?但愿与君长相守,莫作昙花一现。"

该舞蹈是北京舞蹈学院孙颖教授几十年潜心钻研,以史学家的严谨、艺术家的想象创作而成的。《踏歌》的表演者具有汉代女乐舞蹈的形体特征。汉代女乐舞者以"纤腰""轻身"为美,如傅毅《舞赋》中所说的,时而"绰约闲靡",

◆ 三十人女子舞蹈《踏歌》

时而"纷猋若绝",时而"翼尔悠往",时而"回翔竦峙""轶态横出,瑰姿谲起""委蛇姌嫋,云转飘曶"。虽然没有高难度的技巧,但是其内含的韵味很难拿捏。我发现,孙颖老师的编舞是让舞蹈演员的肩带动腰身和双臂,爽朗而有内力,非常有特点。做足了这些功课,设计妆发就很轻松。此外,踏歌来自民间,这也成为舞蹈《踏歌》中造型的灵感来源。剧中,舞蹈演员略施粉黛,眉画远山,头梳富有变化的圆环形发髻,舞服是绿色的,并饰以一朵粉花在髻旁,造型整体简洁明快。

唐风

Cosmetic
Art of
Tang
Dynasty

流韵

兼容并蓄 博采众长 新妆巧样

第四章 初心未泯 不言老

学者型大师的基本功

编者按

学者型大师意味着终身学习、不断输出理论，并创新实践。

杨树云不仅是中国唐史学会、中国吐鲁番—敦煌学学会会员，还是中国影视唐文化研究所研究员，对于中国古代服饰造型、妆容的理论有深入研究，曾发表专业学术论文多篇。这些宝贵心血帮助了无数化妆师积累学术素材，为中国化妆行业发展打下基础。

《都督夫人礼佛图》

成熟艺术家最特殊的能力之一，就是善于运用有限的艺术样式创造出多种多样的艺术成果来。妆容的创作不能仅凭感觉，创作者还需要具备深厚、扎实的学术功底，才能拥有清醒的审美见解和主张，在艺术创作上才能进入"游刃有余"的境界。于是，我开始在《舞台美术与技术》《敦煌学辑刊》等专业学术刊物上发表研究性论文。《〈乐庭瓌夫人行香图〉初探》发表后反响热烈，也为拍摄唐代艺术作品提供了理论依据。

敦煌莫高窟唐代供养人壁画规模最大的一幅，莫过于第 130 窟甬道南壁的《都督夫人礼佛图》(又称《乐庭瓌夫人行香图》)。此窟开凿于开元、天宝年间，南、北两壁有供养人画像。画像中呈现了不同等级、不同层次的供养人，而他们的社会地位又决定了他们的衣着。这些生动形象的绘画，能直接反映当时社会生活的真实状况，为今天研究盛唐时期的社会生活、衣冠服饰、风土人情提供了直接形象的宝贵资料。

《都督夫人礼佛图》具有强烈的时代风格，特别是都督夫人太原王氏"丰肌腻体"、雍容华贵、庄严虔诚的仪表，达到了"神生状外，生具形中"的传神境界。两个女儿十一娘、十三娘及身后的侍婢，个个面目姣好，"凝翠晕蛾眉"，口小唇厚，发式穿着不尽相同，显得多姿多彩。侍婢有的捧鲜花，有的捧琴，有的端水瓶，其中还有一个人回首顾盼。人物身后的垂柳、萱花丛及

莫高窟第 130 窟《都督夫人礼佛图》复原图

绕花飞舞的蜂蝶，给庄严肃穆的礼佛现场平添了几分情趣。

乐庭瓌的榜题为"朝议大夫使持节都督晋昌郡诸军事守晋昌郡太守兼墨离军使赐紫金鱼袋上柱国乐庭瓌供养时"。天宝年间，乐庭瓌为晋昌郡太守，其夫人为太原王氏。在等级森严的封建社会里，为了维护世袭的封建统治及宗法特权，无论是冠冕、襦衫、裙裳、袜履、佩戴的式样，还是服装的用料、颜色，都有严格的规定。

《都督夫人礼佛图》中的几个主要人物都着盛装。王氏着碧罗花衫、绛地花半臂、红底花裙、白罗画帔，足着笏头履，上嵌珠饰。

王氏头梳唐朝中晚期流行的两鬓抱面发式，发髻上饰有鲜花、簪导、金钿及梳篦。盛唐时流行的妇女发式，从绘画、出土唐俑来看，可以分为低髻与高髻两类。低髻的特点是绾髻于脑后，发髻较低，可见莫高窟第 217 窟《得医图》中的贵妇人及《都督夫人礼佛图》中的女

◊ 第 130 窟太原王氏复原图

◊ 第 130 窟太原王氏的女儿复原图

◊ 第 196 窟女供养人复原图

十三娘。高髻则相对高耸。高髻花样的翻新，大都在形状上大做文章，如像刀背高耸在头顶的单刀髻、双刀髻，其状如椎的椎髻，如惊鹄展翅欲飞的惊鹄髻，如螺壳盘旋的螺髻等。这些因象形而得名的高髻，大多不是用真发梳成，而是事先用假发做好的"义髻"。《诗经》中就有关于假发的诗句："鬒发如云，不屑髢也。""髢"即古之假发。东汉马皇后的四起大髻曾引起内外效仿，效仿这种高髻者多使用假发。晋代有陶侃之母剪发卖钱待宾的故事。《新唐书·五行志》记载了"杨贵妃常以假髻为首饰"。《晋书·五行志》中记载："太元中，公主妇女必缓鬓倾髻，以为盛饰。用髲既多，不可恒戴，乃先于木及笼上装之，名曰假髻，或名假头。"《都督夫人礼佛图》中的王氏黑发浓密，头上的高髻疑为假髻，是用簪固定于头顶的。唐代的簪有玉簪、玉搔头、碧玉簪、簪导、掠簪、玉导、华簪、翠羽簪、芙蓉簪、玳瑁簪、翡翠簪等名目。王氏头上所插的是一个前端呈圆形的深褐色簪导，不由使人联想起《清异录》中孙妃有"形如朽木筯"的日本国龙蕊簪。王氏的这只簪虽不是价值连城之饰，大概也不会低于"万二千缗"吧！

初心未泯不言老

263

● 我们复原再现《都督夫人礼佛图》中部分人物的造型

心泯老
初未不言

265

王氏及女儿十三娘于鬓上插的金翠首饰，名钿，因其以不同的金属或珠宝制成，故有多种名目，如金钿、花钿等。《说文》云："钿，金华也。""《唐六典》规定："钿钗礼衣，外命妇朝参、辞见及礼会则服之。""凡婚嫁花钗礼衣，六品以下妻及女嫁则服之。"唐代诗词中也多见咏，沈约《丽人赋》中有"杂错花钿"，岑参《敦煌太守后庭歌》中有"侧垂高髻插金钿"，顾夐《荷叶杯》词中有"小髻簇花钿"。这里的花钿不同于两眉间贴的花钿。《新唐书·车服志》中对命妇还有这样的规定："钿钗礼衣者，内命妇常参、外命妇朝参、辞见、礼会之服也。制同翟衣，加双佩、小绶，去舄，加履。一品九钿，二品八钿，三品七钿，四品六钿，五品五钿。"命妇参加大典时还需饰花钗，花钗的数量与宝钿的数量相匹配。敦煌莫高窟第156窟《宋国夫人出行图》中的宋国夫人是归义军节度使张议潮的夫人，她头上花钗九树，合一品夫人的规定。1972年，考古人员在南京一座东晋墓中发掘了桃形金片，精工巧制的桃形金片共32片，均用0.3毫米厚的金片剪成，有大小两种，大的长1.6厘米，宽1.3厘米，重0.23~0.3克；小的长1.3厘米，宽1厘米，重0.12克左右。金钿小巧精致，可以蔽于发鬓周围。这种金钿的散片也曾发现于洛阳的西晋徐美人墓中，陕西历史博物馆也陈列有出土的唐代金钿。

王氏与两个女儿头上都插有梳篦，又称"栉"。新石器时期我国已有骨梳。古代的栉除了梳头篦发之用，还用于发间作装饰。唐、五代、宋时，插栉之风盛行，妇女发间所插的小梳甚至有十几把之多，大的梳篦的梳长能达到一尺二寸。栉的插法各有不同，表现出人们不同的情趣。有的是用当时的流行插法，有的则是根据自己的喜好别出心裁。王氏及女儿十三娘的梳篦是插在鬓旁，《宫乐图》中有的侍女把梳篦插在脑后，《捣练图》中有多位侍女把梳篦插在发髻的根部，敦煌莫高窟第9窟、第196窟的女供养人的梳篦是在前额发际线处上下对插。莫高窟第98窟、第61窟中的贵妇人所插的梳篦约有一尺二寸长。而叫"小梳"的蔽发之饰，正是元稹《恨妆成》中"满头行小梳"和王建《宫词》中"玉蝉金雀三层插，翠髻高耸绿鬓虚。舞处春风吹落地，归来别赐一头梳"提到的首饰。《古乐府·河中之水歌》中的"头上金钗

唐代《宫乐图》

心泯老
初未不言

十二行"及《晋山陵故事》中的"后服有玳瑁钗三十只"都体现了小梳的流行。这些梳篦的材料除了金、银、铜，还有木、象牙、玳瑁、骨等。梳背上有精雕细刻的人物、花鸟等图案，有的木梳的梳背上还绘有精美的图画。有的硬木梳上有包金，有的梳上镶嵌螺钿宝石，所以才有温庭筠"小山重叠金明灭"之句，来形容梳背在发间闪烁的情境。

《都督夫人礼佛图》中，两个女儿脸上有用丹青点画的妆靥。以花钿和妆靥为面部妆饰，在唐代妇女中相当普遍。古代的"钿"有三种含义：第一，妇人的头饰，蔽饰鬓上；第二，妇人面饰；第三，填嵌之螺钿。面部贴花钿（花子）的起源，在段成式《酉阳杂俎》中有记载："今妇人面饰用花子，起自昭容上官氏所制，以掩点迹。"不过《事物纪原》中提到："按隋文宫女贴五色

◆ 莫高窟第9窟东壁女供养人像，左侧为壁画现状，右侧为常沙娜临摹作品

◆ 我们复原再现的第9窟东壁女供养人形象

花子，则前此已有其制矣，似不起于上官氏也。"《杂五行书》中也有关于花钿子起源的记载："宋武帝女寿阳公主，人日卧于含章殿檐下，梅花落额上，成五出花，拂之不去。经三日，洗之乃落。宫女奇其异，竟效之。花子之作，疑起于此。"《中华古今注》中有"秦始皇好神仙，常令宫人梳仙髻，贴五色花子，画为云凤虎飞升。至东晋有童谣云：'织女死时，人贴草油花子，为织女作孝。'至后周，又诏宫人贴五色云母花子，作碎妆，以侍宴"的记载。以上是不同历史时期有关花钿的记载。花钿在民间也颇为流行，著名的北朝民歌《木兰诗》就有脍炙人口的"当窗理云鬓，对镜贴花黄"之句。洛阳、长安出土的唐俑，敦煌壁画，吐鲁番阿斯塔那古墓群出

土的唐代绢画，阿斯塔那—哈拉和卓古墓壁画及张萱的《捣练图》上都有各种不同造型的花钿。这些点缀妆面的花钿多用金、银、珠翠、云母、琉璃等材料制成，如翠钿就是用翠鸟之羽制成的。

古代妇女用各种脂粉施于面颊酒窝处或眉心处的面饰谓之"妆靥"。妆靥的由来可见《酉阳杂俎》："靥钿之名，盖自吴孙和邓夫人也。和宠夫人，尝醉舞如意，误伤邓颊，血流，娇婉弥苦。命太医合药，医言得白獭髓，杂玉与琥珀屑，当灭痕。和以百金购得白獭，乃合膏。琥珀太多，及差痕不灭，左颊有赤点如痣，视之，更益其妍也。诸嬖欲要宠者，皆以丹点颊。"又云："大历以前，士大夫妻多妒悍者，婢妾小不如意，辄印面，故有月点、钱点。"更有惨无人道的妆靥："房孺复妻崔氏，性忌……有一婢新买，妆稍佳，崔怒曰：'汝好妆耶？我为汝妆。'乃令刻其眉，以青填之，烧锁梁，灼其两眼角，皮随手燋卷，以朱傅之。及痂脱，瘢如妆焉。"这简直是古代黥刑。

新疆吐峪沟发现的唐代胡服妇女残绢画，仕女的眉眼与鬓之间有一新月形的红线为装饰，这正是罗虬《比红儿诗》中"一抹浓红傍脸斜"所描述的妆面。唐诗中也有不少咏妇女妆面的句子，如元稹的《恨妆成》中有"满头行小梳，当面施圆靥"。王建《题花子赠渭州陈判官》中对花子的花样如何呵贴均有细致的描写："腻如云母轻如粉，艳胜香黄薄胜蝉。点绿斜蒿新叶嫩，添红石竹晚花鲜。鸳鸯比翼人初帖，蛱蝶重飞样未传。况复萧郎有情思，可怜春日镜台前。"冯贽《南部烟花记》中记载的"茶油花子"是用油脂做成的，正是上述"腻如云母轻如粉"的花子。茶油花子以广西郁林的最著名，搁于钿镂小银盒内，取出哈气加热，就可以按照需要贴在脸上。《南唐书拾遗》中记载："江南晚祀，建阳进茶油花子，大小形制各别。宫嫔缕金于面，皆淡妆，以此花饼施额上，时号'北苑妆'。"

女十一娘嘴角贴的妆靥为两只石绿色的小鸳鸯。女十三娘头戴凤冠，斜插步摇，着半臂衫裙，足蹬小头履。古代妇女的冠饰以凤冠最为华贵：一是所用材料昂贵，二是工艺精细，三是只限皇后、嫔妃、命妇等特权阶层使用。凤冠多以金银为质，外饰龙凤珠花、宝石等。史志记载，从汉代起妇女所戴凤冠都有严格的规定，等级不可逾僭。宋代皇后的凤冠非常大，上面满是珠宝，有的后妃的凤冠用金银丝盘叠成整出王母献寿的故事。敦煌壁画中，唐、五代、宋初的供养人有不少戴着凤冠，多为一支展翅卷尾的单凤，与女十三娘所戴的相似。

女十三娘头上插的步摇则是在簪钗基础上发展而来的金玉首饰。"步摇者，贯以黄金珠玉，由钗垂下，步则摇之意。"步摇垂珠的颜色多为红、白、青、黄、黑五彩。韩偓的词"拢鬟新收玉步摇"，说的是鬓旁玉制的步摇；张仲素《宫中乐五首》中的"珠钗挂步摇"，说的是步摇本是簪钗；白居易《长恨歌》中的"云鬓花颜金步摇"，说的是步摇所用的材料。女十三娘头上所插步摇，正符合陈详道所说"汉之步摇，以金为凤，下有邸，前有笄，缀五采玉以垂下，行则动摇"的特点。西郊南唐墓出土的保大年间的"金镶玉步摇"和"四蝶银步摇"，虽不及凤冠华贵，也是不可多得的精品。王氏一家佩戴昂贵的首饰，与身后的侍婢们形成鲜明的对比，这些首饰正是她们财富和地位的显示。

《都督夫人礼佛图》中的侍婢衣着朴素无华，发式多作双垂髻。一般未婚女子或侍婢童仆等都梳这种发式。在绘画中可以看到，双垂髻有露耳与不露耳之分。有的在两髻扎以头巾，有的还在发髻根部插上小梳。敦煌莫高窟第159窟壁画中女供养人身后的女孩、《捣练图》中躲在练帛下的女孩、《虢国夫人游春图》中老妇人怀抱的小女孩也梳此发式。侍婢们还有三个着"透额罗"，这正是元稹诗中"新妆巧样画双蛾，漫裹常州透额罗"所咏的形象，极为可贵。侍婢中有几人着圆领衫，腰束带，正是《中华古今注》里所述的女子着"丈夫靴、衫"的具体形象。在初唐、盛唐时期，女着男装是一种风尚，当时"尊卑内外，斯一贯矣"。绘画中这种现象非常普遍，如吴道子《送子天王图》中的执扇仕女、张萱《虢国夫人游春图》中的从骑、永泰公主墓壁画中的宫女、敦煌莫高窟第445窟剃度图中的婇女及第19窟藏经洞壁画中的少女等。据说中唐、晚唐时这种盘领或折领长衫更多地流行于侍婢中间。女子着男装的风气对后来服饰的发展产生了影响。唐代天宝时期，女子争先恐后着衿袖窄小的胡服，戴胡帽。一时间，时装又起了新的变化，并引领了一时的社会风气。

心泯老
初未不言

———

271

《都督夫人礼佛图》中，王氏及两个女儿身着曳地长裙。唐代妇女所穿之裙名目繁多，有贵族和平民都爱穿的间裙，有"妒杀石榴花"的石榴裙，还有隐花裙、翠霞裙、单丝花笼裙、白练裙、羊肠裙、荷叶裙、百鸟裙、蛱蝶裙、簇蝶裙等。间裙是用两种以上颜色的布条相互间隔而制成的裙子，如阎立本《步辇图》中所有宫女穿着的正是此裙。《都督夫人礼佛图》中王氏所着正是李群玉诗中所咏"裙拖六幅湘江水"的五彩染缬曳地长裙。这一时期的丝绸染缬分单色染和复色染两种。单色染一般只作小圆点、梅花、柿花或方胜等简单的图案。王氏衣裙的花纹经过多种工艺的综合处理，花枝交错，色彩丰富，纹样精致，染缬图案鲜明和谐、富于变化，表现出唐代染缬工艺的高超。丝绸除染缬外还可以配以彩绣。当时已流行用金银线装饰的平金、盘金、蹙金绣法，还有了用金箔、银箔调胶在丝绸上绘画的工艺，名曰"泥金""泥银"。

《都督夫人礼佛图》中的人物造型极富开元天宝盛世的时代特征，都督夫人太原王氏看起来圆润丰满，这正是当时人们所崇尚的"丰厚为体""秾丽丰肥"的审美的体现。王氏的发式，两鬓抱面，梳着"峨峨高一尺"的高髻。裙腰的系处靠上，襦袖介于小袖与大袖之间。她的妆面也符合元稹《有所教》中"莫画长眉画短眉，斜红伤竖莫伤垂"的描述。

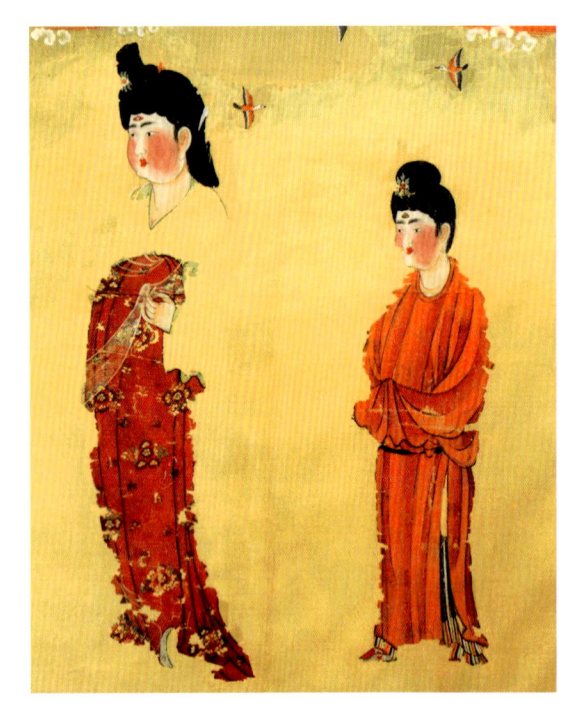

▸ 新疆阿斯塔那出土的唐代侍女残绢画

● 三位侍女头裹"透额罗"　　　　　　　　　　● 侍女头梳双垂髻

　　《都督夫人礼佛图》线条工细，刻画入微，色彩艳丽，准确地将每个人物的地位、性格及精神面貌都刻画了出来，达到了形神兼备的艺术境界。这幅充分表现时代风格的工笔重彩人物肖像画，当出自丹青高手。

　　《都督夫人礼佛图》是以具体的形象展现了开元天宝时期的社会风俗的历史画卷，它反映出唐代文化及手工艺，比如丝织、染缬、服饰、化妆、发式等多方面的成就，使我们从事造型艺术研究工作的人，一下子就可以捕捉到具有代表性的形象。这些真实可见的形象史料，具有重要的历史和文化价值。

● 唐·吴道子《释迦降生图》(局部)

● 唐·张萱《虢国夫人游春图》(局部)

● 我临摹的《虢国夫人游春图》

从《引路菩萨》看开元天宝时世妆

绢画《引路菩萨》作于唐代，该画原藏于敦煌莫高窟藏经洞，后被英国人斯坦因从敦煌盗走，现存于伦敦大英博物馆。原件照片可参见斯坦因《西域考古记》卷前插图。我曾经在《敦煌学辑刊》发表论文《从敦煌绢画〈引路菩萨〉看唐代的时世妆》，该论文后被收入《1909—1983敦煌学论著目录》里。

《引路菩萨》呈现出一种典型的现实性与浪漫性相结合的创作风格。整个画面被袅袅升腾的云气所笼罩，点缀空间的几朵飘零之花，使整个画面浸入一种神秘的气氛之中。画面的左上角还有部分画工细腻的彩云，彩云中现净土宝楼阁。引路菩萨右手执柄香炉，左手持莲花茎，茎上挂引路幡。后面随着一年轻女子，她双目低视，端庄肃穆，神情安详，仿佛真被引到乐土之中去了。画面的右上角用线画出了一块空白，尚存"引路菩"三字。

被引贵妇的画法较为写实，其技法类似写生画。她博鬓蓬松，头梳高髻，蔽以金钿、簪钗、梳篦，眉式为垂珠眉，衣着宽博，都见时代特征。人物造型既娴雅而又不失豪门贵气，与唐代中期著名画家周昉的传世之作《簪花仕女图》中的仕女如出一辙。这种"丰颊肥体""满身绮罗"的人物形象，乃是"贞观之治"和"开元盛世"的反映。

《引路菩萨》中的仕女正是天宝年间上层贵族的典型。大眉、高髻大发、大袖襦、胸下夹缬、长裙曳地，这种装扮盛行于开元至天宝年间。妇女追求

引路菩薩

时尚，历来有之，《后汉书·马廖传》如此描述西汉长安都市风貌："城中好高髻，四方高一尺；城中好广眉，四方且半额；城中好大袖，四方全匹帛。"绢画中仕女的时世妆也应来自长安及中原地区的样式。敦煌虽远在西陲，但敦煌妇女的发式、服饰却与中原的息息相关。宫廷里流传的所谓"内家样"的时世妆，不仅能很快在长安城中风行，同时也会很快地流传到河西等地。陆游诗有"凉州女儿满高楼，梳头已学京都样"之句。敦煌曲中也有"及时着衣，梳头京样"的词句。就连壁画中神仙的衣冠服饰，也随着时代的变化而改变。这正如《历代名画记》中说的，"丽服靓妆，随时变改"。通过研究考察这些衣冠服饰随着时代变化而不断演变的过程，我们可以考见中国衣冠服饰发展的情况。

绢画中仕女的眉式颇为特殊，既不是梅妃"柳叶双眉久不描"的柳叶眉，也不是"青黛点眉眉细长"的细长眉，而是一种宽粗眉。绢画中的仕女，画有两条又浓又粗的眉，与南朝法宣《和赵王观妓》中"城中画广黛"的说法相合。她的眉形似两滴倒悬的水珠。我根据掌握的文字及形象资料，认为此眉形比较接近《十眉图》中的"垂珠眉"。

《引路菩萨》中仕女大眉的画法，不同于古代化妆中的修眉与描眉，而是将原眉剃掉，即"开额去眉"之后，用石黛重新画上。当时，女性画眉所用的石黛是非常有讲究的。自汉通西域以后，从古波斯国运来的螺子黛大受欢迎，打破了女子用南都石黛画眉的惯例。冯贽《南部烟花记》载："炀帝宫中，争画长蛾，司宫吏日给螺子黛五斛，出波斯国。"不过螺子黛价格昂贵，颜师古《隋遗录》载："螺子黛出波斯国，每颗值十金。"后周时民间发现了廉价的画眉品，以代替珍贵的波斯螺子黛。唐代妇女的眉式结合了秦汉时期"红妆翠眉"中石青的青翠及周宣帝时"墨眉"中墨分五色的细腻变化，于是有了《十眉图》中的各种眉式，可惜《十眉图》迄今还未发现形象资料。

《引路菩萨》中的仕女除装饰眉以外，面部还施有朱粉与口脂一类的化妆品。唐代妇女的妆容分浓、淡两种，胡粉、胭脂与口脂深、浅、浓、淡的画法都与当时的社会风气有关。元和以后，受吐蕃影响，妇女的妆容又有很大的改变，出现唐人所称的"囚妆""啼妆""泪妆"。《新唐书·五行志》记载："元和末，妇女为圆鬟椎髻，不设鬓饰，不施朱粉，惟以乌膏注唇，状似悲啼者。"这种时世妆在中、晚唐时期产生了很大影响。白居易在《时世妆》中是这样描写的："时世妆，时世妆，出自城中传四方。时世流行无远近，腮不施朱面无粉。乌膏注唇唇似泥，双眉化作八字低。妍媸黑白失本态，妆成尽似含悲啼。圆鬟无鬓椎髻样，斜红不晕赭面状。"面涂赭色本是吐蕃风俗，这种追求病态美的反常心理，正是唐末政治腐败、贵族穷奢极欲的表现，引起一些人的讥讽。白居易《时世妆》的最后两句写到"昔闻被发伊川中，辛有见之知有戎。元和妆梳君记取，髻椎面赭非华风"，可见他对时世妆的不满。

初、盛唐妇女的妆容则显得健康、活泼、清新、富有朝气。浓妆之例，如元稹《恨妆成》中的"傅粉贵重重，施朱怜冉冉"，岑参《敦煌太守后庭歌》中的"美人红妆色正鲜"，张祜《李家柘枝》中的"红铅拂脸细腰人"。除了用胡粉、红粉涂面外，还有的用"紫粉拂面"。仕女施脂粉之多，到了王建《宫词一百首》中说到"金花盆里泼银泥"的地步！淡妆之例，如罗虬《比红儿诗》中的"薄粉轻朱取次施"，郑史《赠妓行云诗》中的"最爱铅华薄薄妆"，刘言史《乐府杂词》中的"蝉鬓红冠粉黛轻"等。还有一种不施脂粉的妆，称为"素妆"，这种妆更显自然妩媚，玉骨轻柔，玄宗《题梅妃画真》中有"铅华不御得天真"，杜甫《虢国夫人集灵台》中亦有"却嫌脂粉污颜色"。《引路菩萨》中的仕女面部妍丽，线条细腻，她的妆属于浓妆之列。

除了面部，绢画中仕女的脖颈、前胸上也有敷粉的迹象。汉以前的粉"以米为之"，相传张骞出使西域后带回了胡粉。但胡粉（也称为铅粉）价格较高，只限宫廷使用，所以胡粉又叫"宫粉"，因经常制成银锭形，又叫"锭粉"。形容妇女在胸部敷粉的诗句有韩偓《席上有赠》的"粉著兰胸雪压梅"，方干《赠美人四首》的"粉胸半掩疑晴雪"，施肩吾《观美人》的"长留白雪占胸前"。

绢画中的仕女，面颊施胭脂，艳如桃花，正如元稹《离思五首》中咏的"须臾日射胭脂颊，一朵红苏旋欲融"。胭脂被视为唐代妇女美容化妆不可少的物品，它的确令妇女的肤色更加妩媚艳丽，楚楚动人。胭脂在我国有悠久的历史。《中华古今注》："（胭脂）盖起自纣，以红蓝花汁凝作燕脂。以燕国所生，故曰'燕脂'。"已出土的战国时期楚俑的面颊上也有胭脂的晕染。这种运用化妆技艺的迹象可以追溯到原始社会。山顶洞人使用的赤铁矿，原始部落中存在的文身，都与以后人们在脸颊上涂胭脂进行装饰不无关系。

绢画中仕女的口脂是用胭脂妆点，似露珠儿一般莹润可爱，恰好与整个脸盘隐隐相称，这正是岑参《醉戏窦子美人》中"朱唇一点桃花殷"的生动写照。唐永泰公主墓壁画，新疆吐峪沟出土的胡服妇女残绢画，莫高窟第130窟《都督府人礼佛图》中的供养人，以及莫高窟第194窟中的彩塑菩萨，都体现出唐代妇女口脂多姿多彩、富于变化的特色。

唐代妇女的发式更是变化无穷，争奇斗艳，富于时代特色。《引路菩萨》中仕女"峨峨高一尺"的高髻与《簪花仕女图》中仕女的发式相似，这正说明这一时期高髻在妇女中盛行。开元天宝时期假发、义髻流行，因而发型可以随心所欲的文化。唐代发式包括反绾髻、乐游髻、倭堕髻、愁来髻、归顺髻、闹扫妆髻、盘桓髻、惊鹄髻、抛家髻、交心髻、乌蛮髻、百合髻、宝髻、螺髻、云髻、双环望仙髻等。高髻之风在当时的社会上产生了很大的影响，据说，唐太宗曾对此风加以斥责，太宗近臣令狐德棻为高髻辩解，认为头在上部，地位重要，发髻高大些也有理由。因此高髻不受法令限制，逐渐变得更加多样化。

头发的梳理也表现出古人的智慧和才情。魏曹植所赋《洛神赋》中的皇后甄氏所挽"每日不同"的"灵蛇髻"，髻式变化无常态，构成特有的造型，增强了女性头部姿态的变化及发式的艺术感染力。做这些发式所用的梳具也是相当精致和考究的。妇女梳妆用的妆奁里，备有各类小盒，内可装脂粉、花钿、香泽、首饰、髻饰花朵及全套梳具。顾恺之《女史箴图》中的临镜梳妆部分，就是晋代贵族妇女梳妆的场面。其中银扣的妆奁，内装盛脂粉梳篦的小盒以及放粉刷的黑漆奁具，细节刻画入微，成为如今了解四世纪前后封建贵族妇女闺房生活的宝贵资料。古代的十二鬟髻、十八鬟髻中的"十二""十八"虽然有艺术夸张的成分，但壁画中可以找到梳多环髻的人物形象。榆林窟壁画中有一位天宫伎乐，其高髻由多鬟组成，立于头顶，颈后的垂发也挽成多鬟，呈扇形贴于脑后，式样别致，极富装饰效果。李贺的《美人梳头歌》可以使我们更进一步体会发式造型艺术的精华所在：

西施晓梦绡帐寒，香鬟堕髻半沉檀。辘轳咿哑转鸣玉，惊起芙蓉睡新足。
双鸾开镜秋水光，解鬟临镜立象床。一编香丝云撒地，玉钗落处无声腻。
纤手却盘老鸦色，翠滑宝钗簪不得。春风烂漫恼娇慵，十八鬟多无气力。
妆成鬓髻欹不斜，云裙数步踏雁沙。背人不语向何处？下阶自折樱桃花。

绢画中仕女头上簪有髻饰花、簪钗、小梳篦。开元、天宝、贞元、永贞、元和、长庆年间，妇女的头饰日趋繁华。有的一头之饰，竟耗费巨万。杜甫就曾在《丽人行》中提到："翠微盍叶垂鬓唇。"唐进士万楚也在《茱萸女》中写到"插枝著高髻"。有些仕女所插髻饰价值不菲，不亚于白居易所说的"一丛深色花，十户中人赋"。更有甚者，官为郎吏的冯球，为其妻买了一只价值七十万钱的玉钗，当朝宰相王涯得知此事后发出感叹："冯为郎吏，妻之首饰有七十万钱，其可久乎，其善终乎！"

古代的时装及发式造型艺术，也是古人辛勤劳动及精湛技艺的结晶。汉唐妇女的时装及发式，作为中华文化的组成部分，先后传入日本、朝鲜半岛及东南亚诸国，在当地产生了极大的影响。特别是日本、朝鲜，至今还保留着许多汉唐遗风，如日本民族服装和服，及着和服时所梳的高髻，所插戴的簪钗、步摇、梳篦；朝鲜妇女喜爱的两种以上颜色相间的间裙。

说到衣裙，绢画中仕女穿的大袖襦裙，同初唐流行的胡服有很大的区别。史料中对胡服新妆的记载颇多，而且详细。《新唐书·五行志》记载："天宝初，贵族及士民好为胡服胡帽，妇人则簪步摇钗，衿袖窄小。"大袖襦裙又称大袖衫，是贵族妇女的礼服。晋时男女袖阔二三尺，唐代承袭前代遗制，又发展到新的高度，阔至三四尺。莫高窟第220窟"维摩诘经变"中的天女所穿的大袖罗襦，领袖边缘还配以织锦，天女身着白练裙，腰束蔽膝，足穿分梢

● 东晋·顾恺之《女史箴图》唐摹本（局部）

履。克孜尔第219窟"末生怨"中的韦提希夫人，身着绿襦，袖宽有三四尺。还有莫高窟第12窟"弥勒经变"中的摩耶夫人，"嫁娶图"中的新妇，均着此类服饰，这都符合《新唐书·车服志》中"大袖连裳者，六品以下妻、九品以上女嫁服也"的规定。大袖襦裙盛行于天宝后，有的衣裙袖宽竟超过四尺，长裙曳地四五寸。

《引路菩萨》中的菩萨占据了整个画面的一半左右，着色浓厚，工力细致。此图风格接近张萱、周昉仕女画的风格。菩萨高髻宝冠，上身半裸，胸颈袒

露，腰围长裙，披帛有层次地交垂于胸前，褒衣博带。菩萨宝冠上的珠璎，髻上的金钿，宽衣上的每一处彩绘纹饰，莫不精勾细染，见形见质。菩萨面色莹洁，曲眉丰颊，修眉流昐，目光下视，绰约妩婉，招引着紧随而来的仕女……这些细节都具有诗一般的表现力，深化了主题。菩萨女性化，更能"取悦众目"。唐代僧人道宣曾说："造像梵相，宋、齐间皆唇厚，鼻隆，目长，颐丰，挺然丈夫之相。自唐来，笔工皆端严柔弱，似妓女之貌，故今人夸宫娃如菩萨也。"引路菩萨唇上还残留蝌蚪形的小髭，这正是前代造菩萨像时所定的规范。唐代画家在不违背菩萨"非男非女""无性"观念的前提下，把蝌蚪形的小髭处理成石绿色，反而使其成为类似女性脸上"妆靥"的一种装饰，这在宗教艺术上是大胆的突破。引路菩萨前额的发际，被处理成反扣花瓣式的圆弧，与鬓角相衬，环拥"素面如玉"的面庞。

● 莫高窟第 220 窟"维摩诘经变"中的天女

这种发髻式样的梳理在莫高窟第130窟《都督夫人礼佛图》中太原王氏的额上也可以看见。清代以后戏曲造型中的贴片子，不能不说是受了它的影响。引路菩萨颈上所佩的七宝璎珞，符合《法华经》中金、银、琉璃、砗磲、玛瑙、真珠、玫瑰为"七宝"的规定，这不由得使人想起朱揆《钗小志》中记述的宫廷舞姬表演《霓裳羽衣舞》时所佩戴的"七宝璎珞"。引路菩萨修眉联娟，腕上着手镯，长裙曳地，正如徐贤妃徐惠《赋得北方有佳人》中的描绘："柳叶眉间发，桃花脸上生。腕摇金钏响，步转玉环鸣。纤腰宜宝袜，红衫艳织成。悬知一顾重，别觉舞腰轻。"在我看来，引路菩萨俨然世俗贵夫人的写照，处处染上世俗的色彩。

唐代的时世妆丰富多彩，变化非常，它不仅传承汉族的妆容传统，而且兼容并蓄、博采众长，不断创出"新妆巧样"。这方面，还有待于我们今后不断地去发掘和研究。

唐妇女的时装及发式，作为中华文化的组成部分，先后传入日本、朝鲜半岛及东南亚诸国，在当地产生了极大的影响。特别是日本、朝鲜，至今还保留着许多汉唐遗风，如日本民族服装和服，及着和服时所梳的高髻，所插戴的簪钗、步摇、梳篦；朝鲜妇女喜爱的两种以上颜色相间的间裙。

参考资料

《新唐书》北宋·欧阳修、宋祁等
《诗经》
《晋书》
《清异录》北宋·陶穀
《说文解字》东汉·许慎
《唐六典》原题唐·唐玄宗撰，李林甫奉敕注
《事物纪原》宋·高承
《酉阳杂俎》唐·段成式
《南部烟花记》唐·冯贽
《隋遗录》
《大业拾遗记》《隋遗录》唐·颜师古
《钗小志》唐·朱揆
《木兰诗》南北朝
《丽人赋》南朝梁·沈约
《洛神赋》三国·曹植
《比红儿诗》唐·罗虬
《宫词一百首》《题花子赠渭州陈判官》唐·王建
《宫中乐五首》唐·张仲素
《茱萸女》唐·万楚
《时世妆》唐·白居易
《醉戏窦子美人》唐·岑参
《美人梳头歌》唐·李贺
《丽人行》唐·杜甫

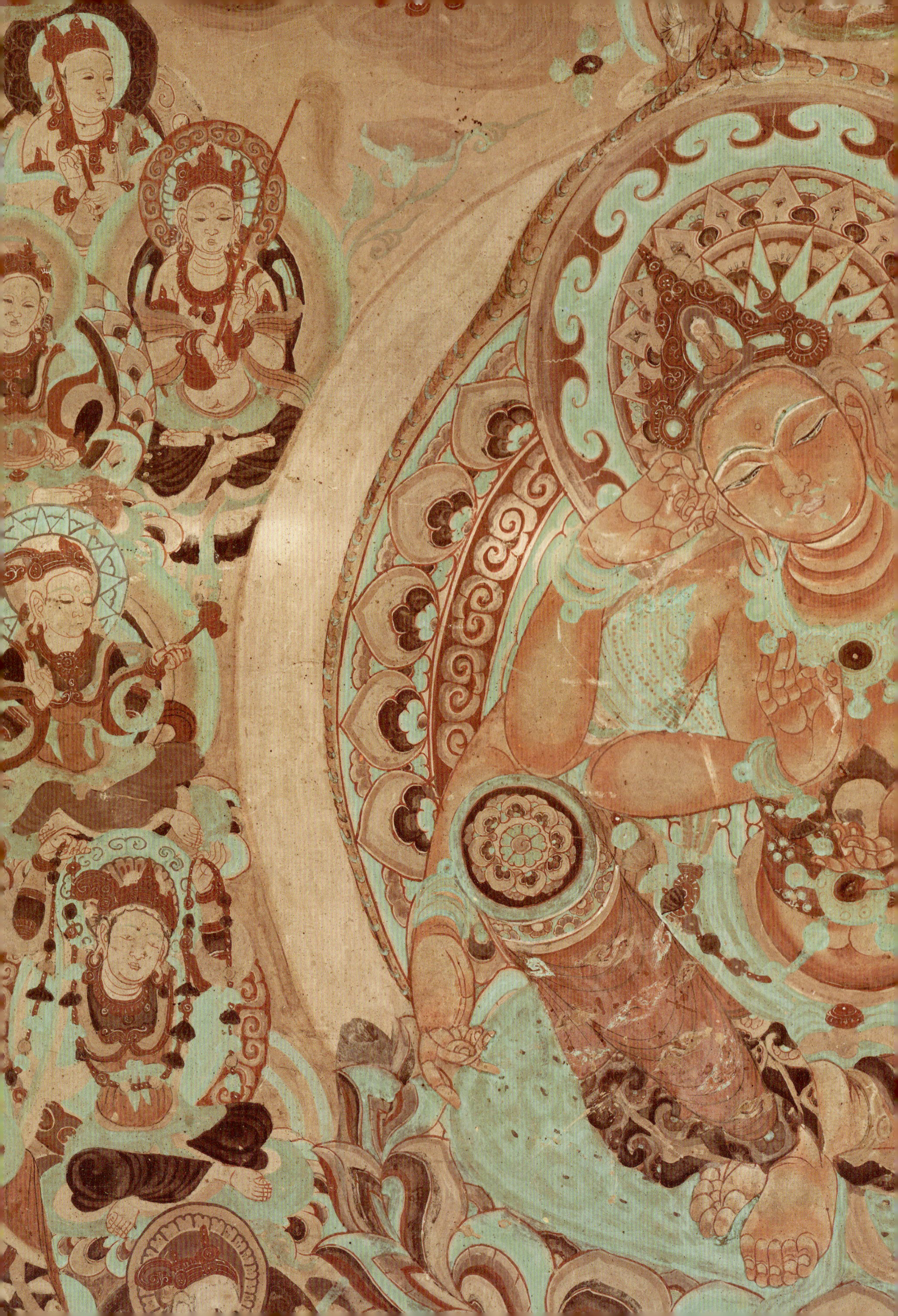

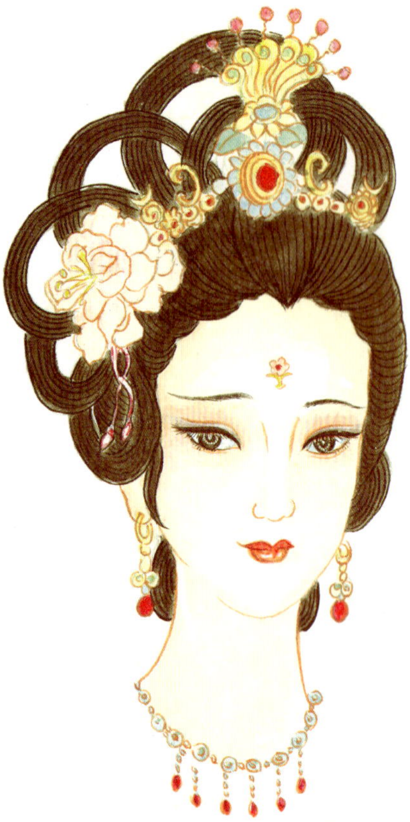